AF641374

PAUL WERNICKE UND KATHRIN BLUM

VÖGEL VERSTEHEN

Paul Wernicke & Kathrin Blum

VÖGEL *verstehen*

Was uns die Vögel über uns und unsere Umwelt verraten

Jan Thorbecke Verlag

VERLAGSGRUPPE PATMOS

PATMOS
ESCHBACH
GRÜNEWALD
THORBECKE
SCHWABEN
VER SACRUM

Die Verlagsgruppe
mit Sinn für das Leben

MIX
Paper | Supporting responsible forestry
FSC® C084698
www.fsc.org

Klimaneutral
Druckprodukt
ClimatePartner.com/14549-2003-1001

Die Verlagsgruppe Patmos ist sich ihrer Verantwortung gegenüber unserer Umwelt bewusst. Wir folgen dem Prinzip der Nachhaltigkeit und streben den Einklang von wirtschaftlicher Entwicklung, sozialer Sicherheit und Erhaltung unserer natürlichen Lebensgrundlagen an. Näheres zur Nachhaltigkeitsstrategie der Verlagsgruppe Patmos auf unserer Website www.verlagsgruppe-patmos.de/nachhaltig-gut-leben

Bibliografische Information der Deutschen Nationalbibliothek
Die Deutsche Nationalbibliothek verzeichnet diese Publikation in der Deutschen Nationalbibliografie; detaillierte bibliografische Daten sind im Internet über http://dnb.d-nb.de abrufbar.

Alle Rechte vorbehalten
© 2023 Jan Thorbecke Verlag
Verlagsgruppe Patmos in der Schwabenverlag AG, Ostfildern
www.thorbecke.de

Gestaltung: Finken & Bumiller, Stuttgart
Druck: PNB Print Ltd, Silakrogs
Hergestellt in Lettland

ISBN 978-3-7995-1978-6

Inhalt

Vorwort

Als der Alarmruf des Zaunkönigs erklang, wusste ich, was passieren würde. »Geh mal um die Hecke herum, gleich kommt ein Fuchs heraus.«, sagte ich rasch zu meiner Tochter Matilda, mit der ich an diesem sonnigen Novembermorgen unterwegs war. Wir hatten versucht, uns so lautlos wie möglich zu bewegen, als ich den Alarm hörte.

Leise umrundete sie die Hecke. Ich wartete ab, der Zaunkönig flog, immer noch zeternd, in das nächste Gebüsch. Da tauchte Matilda wieder auf und rief strahlend: »Papa, du bist ein Zauberer! Ich habe den Fuchs gesehen!«

Ich hatte aber gar nicht gezaubert. Der Zaunkönig hatte es mir erzählt. Als wir uns der Hecke genähert hatten, war der Fuchs, der dort schlief, erwacht. Das hatte der Zaunkönig gemerkt und angefangen zu warnen. Diesen Alarm hatte ich gehört und daraus meine Schlüsse gezogen. Der Zaunkönig war nämlich nicht unseretwegen nervös, sondern weil sich ein Tier in der Hecke bewegte. Ich hatte auf den Fuchs getippt, und recht behalten.

Ich freute mich sehr, dass ich meiner Tochter so ein unvergessliches Erlebnis bescheren hatte, und dachte dankbar an jenen Moment zurück, als meine Liebe zu den Vögeln begann.

← ZAUNKÖNIG

Es geschah an einem schönen Herbsttag vor zwanzig Jahren. Ich stand im Pankower Schlosspark vor einer Platane. Ein Jahr zuvor hatte ich noch gedacht, dass es sich um einen Spitzahorn handeln würde, inzwischen wusste ich, dass man zur Identifizierung nicht nur die Blätter, sondern auch die Rinde und Früchte eines Baumes anschauen sollte. All das hatte ich in diesem Jahr gelernt, in dem ich meine Freunde im Kiez vernachlässigt und statt Mädchen und Partys Bäume im Kopf gehabt hatte. Jedes zweite Wochenende hatte es mich hinaus in die Natur gezogen, ich hatte angeknüpft an die vielen Naturerlebnisse meiner Kindheit. Ich bin zwar mitten in der Stadt, in Pankow, aufgewachsen, meine Großeltern hatten jedoch ein Grundstück auf dem Land, wo wir viel Zeit verbrachten. Außerdem nahm mein Vater meinen Bruder und mich häufig auf Wanderungen in den Bergen oder auf Fahrradtouren mit.

All das war mir in der Pubertät ein wenig verloren gegangen. Ich war zwar immer noch viel in der Natur unterwegs gewesen, doch ich sah ihre Wunder nicht mehr. Aber im letzten Jahr hatte ich mich wieder daran erinnert. Wenn ich nicht hinaus aufs Land kam, besuchte ich unter der Woche den Schlosspark in Pankow mit seinen vielen alten Bäumen.

Darum stand ich jetzt vor der Platane, die am Anfang ein Spitzahorn für mich gewesen war. Ich schloss die Augen. Bilder von eindrücklichen Momenten des letzten Jahres tauchten auf. Eine tiefe Dankbarkeit stieg in mir auf, ich fühlte mich angekommen und verwurzelt. In diesem Moment rief über mir ein Vogel »kiks, kiks«. Ich öffnete die Augen und erblickte hoch oben in der Krone der Platane auf einem dünnen Zweig einen Buntspecht.

Wieder und wieder ertönte sein Ruf. Dann verließ er seinen ungewöhnlichen Standort, mit den für alle Spechte typischen kraftvollen Flügelschlägen flog er zur nächstgelegenen Buche und fing an zu trommeln.

In diesem Moment änderte sich der Rhythmus meines Lebens.

Auf einmal sah ich überall Vögel. Es war, als ob ein Schleier von meinen Augen weggezogen worden wäre: Ich nahm auf einmal wahr, wie viele Vögel um mich herum lebten. Meine Stadt war nicht nur Heimat für Spatzen, Tauben und Krähen, sondern auch für Stieglitze, Sperber und Waldkäuze.

Sogar in »meinem« Schlosspark, in dem ich nun schon so viel Zeit verbracht hatte, lebten Greifvögel, die es in meinem Weltbild nur außerhalb der Stadt gegeben hatte. Aus einer großen, eindrucksvollen Blutbuche schoss auf einmal ein kleiner, wendiger Jäger heraus, den ich im Nachhinein als Sperber identifizierte. Ich konnte es kaum glauben, dass mitten im Schlosspark ein Greifvogel lebte und jagte.

Ein anderes Mal stieg ich an der Schönhauser Allee am Bahnhof aus der S-Bahn aus. Ich wartete die Abfahrt des Zuges ab, da ich umsteigen wollte. Der letzte Wagon fuhr vorbei, und da sah ich ihn: Ein Waldkauz saß auf der anderen Seite der Gleise an einer Böschung. Er beobachtete mich für einen Moment, dann flog er auf.

Ich war so aufgeregt, dass ich die Frau neben mir antippte und fragte »Haben Sie die Eule gesehen?« Die Frau sah mich nur misstrauisch an und rückte erstmal drei Schritte von dem seltsamen Freak ab.

Den ganzen Winter über nutzte ich die Kahlheit der Bäume, entdeckte zahlreiche Nester und neue, mir zuvor unbekannte Vogelarten. Ich lernte Grün- und Buchfinken kennen, amüsierte mich über Meisen und Rotkehlchen.

Im Frühjahr, als die Bäume ihre Blätter wieder trugen, begegnete mir auf einer Ver-

BUNTSPECHT →

STADTTAUBE
DISTELFINK
HABICHT
WALDKAUZ
EICHELHÄHER

kehrsinsel unweit des S-Bahnhofes Pankow der Stieglitz. Jeden Tag kam ich dort vorbei, an diesem Grünstreifen in der Mitte einer vierspurigen Straße, auf dem kleine Linden mit kugelförmiger Krone gepflanzt worden waren. Aus einer dieser Kronen flog auf einmal ein bunter Vogel heraus, wie ich ihn noch nie gesehen hatte. Er hatte einen roten Kopf, knallgelbe Flecken auf den Flügeln und einen schwarz-weißen Schwanz. So eine Schönheit mitten im Berliner Stadtgrau! Mein Blick wanderte in den Baum hinein, und da, genau vor meinen Augen, war ein kleines, kugelförmiges Nest aus flauschigem Material, auf dem ein ebenso farbenprächtiger Vogel saß. Ich konnte es kaum glauben, dass so ein wunderschöner Vogel in einem Baum brütete, an dem ich mehr oder weniger täglich vorbeikam. Nie hatte ich ihn gesehen, bis heute.

Zuhause schaute ich natürlich sofort nach und identifizierte den Stieglitz, den Distelfinken, als den Besitzer des Nestes.

Im Spätsommer hatte ich dann das Glück, meinen Zivildienst in der Umweltbildungseinrichtung »Drei Eichen« zu beginnen. Ich wohnte ein Jahr mitten im Wald, entdeckte den Horst des Habichts und das Nest des Eichelhähers, der ihn ziemlich treffend imitieren konnte. Stundenlang stromerte ich auf den Spuren der Wildschweine durch den Wald, stets auf der Suche nach Abenteuern und neuen Naturwundern. Nach diesem Jahr wusste ich, dass ich nicht mehr in der Großstadt leben wollte.

Doch wohin es mich zog, das war mir noch nicht klar. Als Tischlergeselle ging ich auf die Walz. Dabei lernte ich die Bundesrepublik kennen, bis ich im Winter 2003 auf einer Gesellenbaustelle im Fläming landete.

Als meine erste Tochter hier geboren wurde, entschied ich mich, im Hohen Fläming zu bleiben. Langweilig wurde mir

SPATZ

nicht, im Gegenteil, mit jedem weiteren Streifzug durch die Wälder des Flämings lernte ich die Landschaft und ihre Bewohner besser kennen.

Dabei halfen mir Naturverbindungskurse, die ich unter anderem bei Jon Young vom *8 Shields Institute* und bei der Wildnisschule Teutoburger Wald besuchte. Dort wurde ich zum Zauberlehrling, lernte die Sprache der Vögel und das Spurenlesen. Mein Gespür für meine Umgebung veränderte sich, ich verstand immer mehr, wie im großen Netzwerk der Natur alles miteinander zusammenhing.

Nach und nach fing ich an, neben meinem eigentlichen Beruf als Tischler mit Kindergruppen in den Wald zu gehen. So entstanden meine ersten Feriencamps mit Kindern.

Nachdem ich über acht Jahre Kurse gegeben hatte, sagte eine Freundin zu mir, ich solle endlich eine eigene Wildnisschule gründen. Das war die Geburtsstunde der Wildnisschule Hoher Fläming. Im Logo tauchten natürlich Vögel auf.

Der erste Platz der Wildnisschule war ein schmales Stück Land in einer Kleingartenkolonie. Dort verbrachten wir die ersten vier Jahre. Währenddessen wuchsen sowohl meine Familie als auch die Wildnisschule rasant, es war Zeit für einen neuen Platz.

Ich suchte nach einem neuen Ort und fand ihn schließlich in Grützdorf. Hierhin zog ich erst mit der Wildnisschule um und gab meine ersten Kurse auf dem »Zinken«: So benannten wir den Platz, auf dem bis heute unsere Naturverbindungskurse stattfinden.

Seit 2014 ist nicht nur die Wildnisschule hier zuhause, sondern auch meine Frau Roxana, unsere vier Kinder (meine zwei Großen sind schon flügge), mein Vater und seine Frau.

Grützdorf ist ein wunderschöner Ort, eine Perle des Flämings. Ein alter, offener Vierseithof mit einem Wohnhaus und drei großen Scheunen; die ältesten Spuren stammen aus dem 14. Jahrhundert. Früher war es ein Vorwerkhof, eine Außenstelle eines Gutshofes, die vom nächsten Dorf ca. 1 km entfernt war. Grützdorf beherbergte seit seiner Gründung Schafe. Hier wohnten die Schäfer, hier standen die Fuhrwerke.

Der Hof ist umgeben von Ackerflächen und Wald, eingebettet in die eiszeitliche Hügellandschaft des Hohen Flämings.

Doch es ist nicht nur die Lage, die den Platz so besonders macht, es ist auch seine abwechslungsreiche Struktur. Bei uns gibt es alten und jungen Baumbestand, eine Streuobstwiese, Ackerland, Grünland und den lebendigen Hof.

Die Seminare der Wildnisschule sollen in einer möglichst naturbelassenen Umgebung stattfinden. Darum können wir es uns leisten, einige Flächen verwildern lassen, so zum Beispiel den sogenannten Ameisenhügel, an dem sich junge Espen ausgesät haben.

Auch sonst greifen wir möglichst wenig in den Kreislauf der Natur ein, sondern versuchen ihn an geeigneter Stelle zu unterstützen. Auf unserer Streuobstwiese haben wir Drahtzäune entfernt, Greifvogelansitze gebaut, Brutkästen restauriert und wieder instand gesetzt, Nisthilfen für den Waldkauz, die Meisen, den Wendehals und die Wiedehopfe gebaut und aufgehängt. Altholz lassen wir stehen, zusätzlich haben wir auch 50 neue Obstbäume gepflanzt. An den Wegen haben wir Totholz und Benjeshecken angelegt, wir haben Steinhaufen als Rückzugsorte für Insekten zusammengetragen.

Auf dem Hof haben wir den ursprünglichen Teich neu angelegt, er bietet zahlreichen Amphibien wieder ein Zuhause.

All das haben wir nicht alleine geschafft. Einmal im Jahr laden wir zum Campaufbau auf den »Zinken« ein. Jedes Jahr Mitte März kommen zwischen 50 und 60 Menschen – mit mehr oder weniger Know-How, aber alle mit sehr viel Herz und Energie. Zusammen bewirken wir an einem Wochenende so viel, dass wir nur sehr selten Maschinen einsetzen müssen.

Neben den Arbeiten für den Saisonstart der Wildnisschule geht es auch immer darum, was der Platz braucht, um möglichst vielen Tieren ein gutes Zuhause zu bieten. Uns bewegt die Frage: Was können wir dem Platz als Ausgleich für die vielen erlebnisreichen Stunden zurückgeben?

Und das mit Erfolg. Die Zahl der unterschiedlichen Vogelarten auf unserem Platz steigt jedes Jahr weiter an, unsere Streuobstwiese bietet inzwischen sogar zwei Wendehalspärchen zur Brutzeit Platz; der Waldkauz und der Turmfalke sind bei uns zuhause. Das Braunkehlchen ist nach einer Pause zu uns zurückgekehrt, der Milan hat seinen Horst in der Nähe, wie auch die Raben.

Ihre Geschichten werden in diesem Buch erzählt. Doch mir geht es nicht nur um die Unterhaltung; mein Anliegen ist es, dass sich so viele Menschen wie möglich wieder daran erinnern, welche Freude es macht, sich mit der Vogelwelt zu beschäftigen.

Darum habe ich dieses Buch geschrieben – oder eher erzählt. Geschrieben hat es Kathrin Blum, die vor acht Jahren ihre wildnispädagogische Ausbildung bei mir gemacht hat. Früher war sie bei einem großen Verlag als Lektorin angestellt, inzwischen ist sie Autorin, Wildnispädagogin und Naturcoachin, ihr besonderer Schwerpunkt sind Kurse zu den Jahreskreisfesten. Ihr erstes Buch »Der Baumsammler« ist 2020 erschienen.

Kathrin war damit die richtige Partnerin für mich, sie hat mir die richtigen Fragen gestellt, meinen Antworten gelauscht und gesammelt. Aus intensiven Treffen Online und Live ist dann dieses Buch entstanden.

»Vögel verstehen« soll einen einfachen Zugang zur Welt der Vögel bieten, der für jeden im Alltag umsetzbar ist.

BLAUMEISE

WIEDEHOPF

WENDEHALS

Am Anfang steht darum die Vogelbeobachtung. Wir lernen die Helfervögel kennen, erfahren, worum es beim Singen in Schichten geht und was uns die Vögel über die Signatur einer Landschaft erzählen.

Mit diesen Tipps und Informationen ausgerüstet, starten wir mit den Vögeln, die unmittelbar um uns herum leben. Wir können sie jeden Tag beobachten, sie bevölkern unseren Garten, sie kommen an unsere Vogelhäuser: die Finken, Meisen, Amseln und die Rotkehlchen. Mancher mag vielleicht einwenden, das sei doch langweilig, über diese Vögel wisse man doch schon alles. Ich bin der gegenteiligen Auffassung: Gerade die Beschäftigung mit ihnen lohnt sich besonders, weil sie uns in die Vogelwelt einführen können. Das Braunkehlchen wird sich mir erst dann zeigen, wenn ich das Rotkehlchen besonders gut kenne, und nicht umgekehrt.

Auch außerhalb des Gartens ist es leicht, Vögel zu sehen. Einige von ihnen machen es uns besonders leicht, diese haben wir die »Sichtbaren« genannt. Sie leben in unterschiedlichen Bereichen: der Buntspecht und der Eichelhäher in Wäldern und Parks, der Mäusebussard und die Goldammer in Felder und Fluren.

Manche Vögel könnten wir jeden Tag beobachten, tun es aber nicht, weil sie bei uns negative Assoziationen auslösen. Die Rede ist von Raben, Elstern und Tauben. In dem Kapitel »Die Verrufenen« fragen wir uns, wo der schlechte Leumund herkommt und warum diese Vögel so unbeliebt sind.

All diese Vögel lassen uns relativ nah an sich herankommen. Davon kann bei unseren »Luftikussen« keine Rede sein. Diese sehen wir nur in der Luft, oft weit, weit über uns. Dort ist das Reich der Mauersegler, Stare und Schwalben.

Die Luftikusse sind immerhin noch sichtbar, wenn auch weiter weg. Doch andere machen es uns schwer, wenn auch nicht mit Absicht. Warum man Nachtigallen, Kuckucke und

BUCHFINK

AMSEL

ROTKEHLCHEN

Pirole so selten sieht (wenn auch häufig hört), das klären wir im Kapitel »Die Versteckten«.

Ebenfalls selten zu sehen sind die »Spezialisten«. Bei ihnen liegt es nicht daran, dass sie sich verstecken, sondern daran, dass sie so rar geworden sind. Sie haben sich auf eine besondere Lebensweise und Ernährung spezialisiert, darum sind sie in vielen Fällen heutzutage bedroht. Das betrifft viel mehr Vögel, als mir lieb ist; als Beispiele habe ich das Braunkehlchen und den Wendehals genommen. Beide sind hier am Platz zuhause, und das ist beileibe keine Selbstverständlichkeit.

Sie alle müssen sich in Acht nehmen vor den »Vogeljägern«, den Beutegreifern. Früher hat man Raubvögel zu ihnen gesagt, doch in dieser Bezeichnung liegt sehr viel Wertung. Davon will ich mich lösen, sie alle gehören zu dem großen System der Natur, keiner ist überflüssig oder falsch. Dennoch – auch ich sorge mich, wenn der Sperber auf der Jagd nach Nahrung in meine Scheune einfliegt.

Denn er ernährt sich und seine Nachkommen von Singvögeln – genauso wie der Habicht, der Turmfalke und der Waldkauz. Nicht nur bei mir, sondern auch bei den Vögeln lösen diese Greifvögel große Aufregung und Alarme aus. Diese Alarmrufe zu erkennen und sie von Gesang zu unterscheiden ist einer der wichtigsten Aufgaben beim Erlernen der Vogelsprache.

Ebenso wie die Beutegreifer lösen aber auch sogenannte »Nesträuber« Alarm aus, das sind Eichhörnchen, Steinmarder und Nebelkrähe. Auf sie gehen wir im achten Kapitel ausführlicher ein.

Die Vogelsprache ist das Thema im nächsten Kapitel, da geht es um den Unterschied von Gesang und Alarm, darum, wie man einzelne Gesänge erkennen kann und wie man sie auch auseinanderhalten kann. Es ist der Auftritt der Rhythmiker,

GOLDAMMER

BUSSARD

MAUERSEGLER

PIROL

Melorhythmiker und Melodiker – keine Angst, diese Begriffe werden alle in dem Kapitel erklärt.

Doch Vogelsprache ist noch mehr als »nur« die Kommunikation der Gefiederten untereinander. Für mich war und ist sie der Schlüssel zur Sprache der Natur. Sie erlaubt mir, in Dialog mit der Landschaft zu treten. Wenn ich sie verstehe, dann weiß ich eigentlich alles über einen Platz, was es zu wissen gibt.

Und das erlaubt mir wiederum, dafür zu sorgen, dass sich hier möglichst viele Vögel zuhause fühlen.

Damit das auch in Zukunft so sein kann, braucht es die Hilfe von jeder und jedem. Dafür möchte dieses Buch ein Wegweiser und eine Einladung sein: die Vögel kennen zu lernen und sich, so wie ich damals, in sie zu verlieben.

BRAUNKEHLCHEN

NACHTIGALL

NEBELKRÄHE

Vogelbeobachtung

Vögel machen glücklich. Das ist nicht nur meine Behauptung (auch wenn ich das jederzeit sagen würde), das belegt neuerdings sogar eine Studie aus Frankfurt, für die 1000 Menschen in 26 Ländern befragt wurden. Joel Methorst vom Senckenberg Forschungszentrum für Biodiversität hat daran zusammen mit einem Forschungsteam gearbeitet. Sie haben herausgefunden, dass Vögel in der Umgebung für das Wohlbefinden genauso wichtig sind wie eine Gehaltserhöhung.

»Zehn Prozent mehr Vogelarten in der Umgebung steigern die Lebenszufriedenheit der Menschen europaweit mindestens genauso stark wie eine Erhöhung des Einkommens in gleicher Größe. Die glücklichsten Europäer und Europäerinnen sind diejenigen, die in ihrem tagtäglichen Leben viele verschiedene Vogelarten erleben können oder in einer naturnahen Umgebung leben, in der viele Arten beheimatet sind.«[1]

Artenschutz und Naturschutz sind also nicht nur wichtig für die Flora und Fauna, sondern tatsächlich auch für uns. Auch wir brauchen Biodiversität, um glücklich zu sein.

Und noch glücklicher macht es, nicht nur in einer Umgebung zu wohnen, in der es viele Vogelarten gibt, sondern sich auch damit zu beschäftigen. Vermutlich wird es darum auch bei uns immer populärer, Vögel zu beobachten.

In England oder den USA ist das sogenannte »Birdwatching« bereits seit vielen Jahren eine beliebte Freizeitbeschäftigung, der bisweilen sogar ganze Familien nachgehen (meine Familie habe ich definitiv mit dem Birdwatcher-Virus infiziert.)

Damit dich das Birdwatching von Anfang an glücklich macht, hier ein paar Tipps für den Einstieg in die Vogelbeobachtung:

Fang mit den Vögeln an, die vor deiner Haustür sind: die Helfervögel

Am einfachsten ist es, wenn du mit den Vögeln anfängst, die direkt vor deiner Haustür leben. Wer ist der schwarze Vogel, der ständig auf dem Rasen unterwegs ist? Wahrscheinlich eine Amsel. Und dieser kleine, quicklebendige, der immer neugierig ist? Handelt es sich um eine Kohlmeise?

Und wer singt da immer so auffällig aus den Laubbäumen und hat eine weiße Flügelbinde? Kann es sich um einen Buchfinken handeln? Wer kommt immer neugierig hervor und setzt sich neben mich, wenn ich meinen Garten umgrabe? Ist es das Rotkehlchen?

All diese Vögel nennen wir die Helfervögel. Sie helfen uns, einen Einstieg in das Alphabet der Vogelsprache zu finden.

Sie sind häufig, gut zu hören und gut zu sehen. Da sie bodennah brüten, haben sie ein großes Interesse an allem, was sich auf dem Boden bewegt. Darum zeigen sie sowohl Boden- als auch Luftalarme an. Es sind meistens Standvögel oder Teilzieher, d.h. Vögel, die im Winter nicht in den Süden ziehen, sondern entweder standorttreu sind oder in losen Verbänden durch die Gegend ziehen, also ganzjährig zu beobachten sind.

AMSEL

KOHLMEISE

BUCHFINK

ROTKEHLCHEN

Wir kürzen sie gerne mit BARK ab, dem englischen Wort für Rinde. Denn so wie die Rinde am Baum sind diese Vögel ganzjährig sichtbar.

Es handelt sich um:
Buchfink, **A**msel, **R**otkehlchen und **K**ohlmeise
Wobei es keine Rolle spielt, ob es eine Kohl- oder eine Blaumeise ist, die du als erstes beobachtest, einen Grün- oder einen Buchfinken. Beide gibt es in verschiedenen Lebensräumen und beide sind leicht zu entdecken.

Mit einem dieser Vögel fängst du an. Beobachtest ihn, lernst sein Wesen und seine Körpersprache kennen. Wo hält er sich am liebsten auf? Wo brütet er? Was frisst er gerne?

Wenn du die ersten Fragen durch Beobachtung und Recherche beantwortest hast, wirst du feststellen, dass automatisch neue Fragen entstehen. Deine Neugier und dein Interesse wächst, ein dünnes Band entsteht zwischen dir und deinem ersten gefiederten Freund.

Dabei wird dir irgendwann auffallen, dass jeder Vogel eine bestimmte Wesensart hat – Vorlieben, Tagesrhythmen und Charaktereigenschaften – die ihn von den anderen Vertretern der BARKs deutlich unterscheiden.

Die einen stehen fürchterlich früh auf (Rotkehlchen), die anderen schlafen gerne aus (Buchfink). Manche (Amsel und Rotkehlchen) singen während der Brutzeit immer auf denselben Plätzen, andere (Kohlmeise) nutzen immer wieder neue Singwarten – so werden die Orte genannt, von denen Vögel regelmäßig singen.

Die einen sind eher schreckhaft (Buchfink), die anderen lassen Menschen ganz nah an sich herankommen (Rotkehlchen und Kohlmeisen).

Wenn du eine der Eigenschaften kennengelernt hast – zum Beispiel erkannt hast, dass die Kohlmeise weniger scheu ist als der Buchfink –, kannst du dich fragen, ob dies für die gesamte Familie gilt. Sind alle Meisen vorwitziger als Finken?

Häufig lassen sich nämlich diese Eigenschaften und Merkmale auf die gesamte Familie übertragen. So brüten zum Beispiel alle Meisen in Höhlen, wohingegen die Amseln wie auch alle anderen Drosseln Napfnester bauen.

Das Kennenlernen der Wesensart eines Vogels ist besonders wichtig für die Vogelsprache, darauf kommen wir später noch.

Der Vogel X

Neben den Helfervögeln gibt es noch den Vogel X. Das ist der Vogel, der dir am meisten auffällt. Der, den du jeden Tag hörst. Der dich daran erinnert, dass die Vögel immer da sind. Dass du an jedem Tag, in jedem Moment innehalten, hinhören und hinschauen kannst. Das kann die Taube sein, die dich mit ihrem sanften Gurren immer wieder an ihre Präsenz erinnert. Oder die Krähe, deren »kra kra kra« dir auch in den Straßen der Großstadt zeigt, dass Vögel überall sind. Und dass du, um die Vögel kennenzulernen, keinen Termin in deinem Kalender brauchst, sondern nur deine Wahrnehmung.

Klangbildreise

Eine weitere Möglichkeit, einen Vogel gut kennenzulernen, ist die Klangbildreise. Dabei geht es um die Verknüpfung eines Geräusches mit dem Bild, also dem Verursacher. Das ist manchmal gar nicht so einfach, denn Singvögel sind klein, flink und oft gut versteckt. Daher ist es manchmal eine kleine Reise, bis du herausfindest, wer das Geräusch verursacht hat.

Es lohnt sich aber, diese Reise anzutreten, das kann ich dir versprechen. Denn die Vogelarten, die du auf diese Weise kennenlernst, wirst du dein Leben lang nicht mehr vergessen.

So machst du dich auf eine Klangbildreise:

Du hörst ein Geräusch, einen Klang. Handelt es sich um einen Gesang oder einen Ruf? Wenn es ein Gesang ist, ist es leichter, die Art zu erkennen. (Mehr darüber im Kapitel Vogelsprache)

Die nächste Etappe auf deiner Reise ist, dem Klang zu folgen, bis du den Ursprung des Geräuschs gefunden hast. D.h. du verknüpfst einen akustischen mit einem visuellen Reiz. Dabei musst du dich so entspannt und langsam wie möglich bewegen. Je weniger deine Körpersprache dein Vorhaben verrät, desto höher die Wahrscheinlichkeit, dass es gelingt. Die meisten Vögel haben nämlich eine große Fluchtdistanz, d.h. sie fliegen häufig schon auf, bevor wir sie sehen. Darum kann es länger dauern, bis du den Urheber des Klangs entdeckst. Doch Geduld zahlt sich aus, denn häufig lernst du nicht nur den Vogel, sondern auch die Landschaft um dich herum und letztendlich dich selbst neu kennen.

Wenn du am Ziel angekommen bist und ein Bild zu dem Klang gefunden hast, hast du einen neuen Freund gefunden, der dich dein ganzes Leben lang begleiten wird.

Damit du deinen neuen Freund auch beim Namen nennen kannst, ist es hilfreich, wenn du dir drei der folgenden Merkmale einprägen kannst: Schnabel, Silhouette, Schwanz- oder Flügelform. Diese Indizien erhöhen die Chancen, deinen gesuchten Vogel später in einem Bestimmungsbuch wiederzuerkennen.

Am besten funktioniert die Klangbildreise in den frühen Morgenstunden. Dann sind die Vögel nach der Nacht erstmal damit beschäftigt, ihre körperlichen Bedürfnisse zu stillen. Sie fressen, stecken ihr Revier ab, putzen ihre Federn, pflegen ihre Brut und interagieren mit ihren eigenen Artgenossen.

Merkmale für die Artenbestimmung

Gerade eben wurden sie schon erwähnt, die drei S: Silhouette, Schnabel und Schwanz. Sie können uns bei der Bestimmung eines Vogels helfen, darum hier noch ein paar mehr Informationen dazu:

Silhouette und Schwanz sind von weitem sichtbar und eng miteinander verbunden, den Schnabel können wir nur von nahem erkennen.

Doch der Reihe nach:

Silhouette

Manche Silhouetten sind unverwechselbar. Wer einmal einen Seeadler am Himmel gesehen hat, wird diese Erscheinung nicht mehr vergessen: die breiten, geraden Flügel (gerne auch als Brett bezeichnet), die massige Form und den keilförmigen Stoß (so wird der Schwanz der Greifvögel in der Jägersprache genannt).

Um einen Seeadler zu entdecken, braucht es die richtige Umgebung. Ohne einen See oder ein Fluss in der Nähe bestehen da wenig Chancen. Viel wahrscheinlicher ist es da schon, einen Mäusebussard beim Kreisen am Himmel zu erkennen, ihn gibt es so gut wie überall in Deutschland. Seine Silhouette ist deutlich kleiner als die des Seeadlers, die Flügel sind zwar auch breit, doch geschwungener, der Stoß ist am Ende abgerundet und im Verhältnis zur Körpergröße länger als beim Seeadler.

Aber auch bei den Singvögeln gibt es einzigartige Silhouetten. So wird jeder die Silhouette eines Spechtes identifizieren können, wenn er an einem Baumstamm nach Nahrung sucht. Auch eine Taube hat eine typische Silhouette. Der Star hat einen kurzen, geraden Schwanz, seine Silhouette wirkt im Flug fast dreieckig. Finken sitzen sehr aufrecht, Grasmücken eher waagerecht.

Schwanz

Bei der Silhouette spielte er schon eine wichtige Rolle, die Rede ist von dem Schwanz. Wie ist er am Ende geformt? Ist er gerade abgeschnitten, abgerundet, verbreitert er sich keilförmig nach außen, ist er gegabelt oder gekerbt?

Adler und Kolkraben haben einen keilförmigen Schwanz. Alle Finken haben einen gekerbten Schwanz, der Rotmilan und die Rauchschwalbe einen gegabelten. Der Stoß des Mäusebussards und der Nebelkrähe ist halbrund.

Bei den meisten Singvögeln kommt es auch noch auf die Länge des Schwanzes an. Wie lang ist er im Verhältnis zum Rest des Körpers? Genauso lang wie der Vogel, kürzer oder länger?

Der Schwanz der Amsel und des Buchfinks ist so lang wie ihr Körper, der des Sperbers lang und schmal, der des Zaunkönigs steht steil nach oben. Bei der Elster ist er sehr lang und an den Seiten gestuft.

Schnabel

Die Schnäbel der Vögel unterscheiden sich mehr, als wir vielleicht denken. Sie verraten uns auch, was der Vogel am liebsten frisst. Bevorzugt er Körner, dann hat der Vogel einen kompakten, kurzen und kräftigen Schnabel. Finken verfügen über einen solchen Schnabel.

Ein breiter Schnabel, der kurz ist, eignet sich gut, um Insekten im Flug in der Luft zu fangen, wie zum Beispiel die Schnäbel der Schwalben.

Ein spitzer, pinzettenartiger Schnabel ist ein gutes Werkzeug, um Insekten aus der Rinde zu picken. So sind die Schnäbel der Spechte und Kleiber geformt.

Und dann gibt es noch Allesfresserschnäbel, sie vereinen verschiedenen Merkmale. Sie sind gleichzeitig lang, aber auch kräftig und kompakt. Eichelhäher, Dohle und Elster haben solche Schnäbel. Um all diese Merkmale zu entdecken, kann ein Fernglas hilfreich sein. Da ich immer nach Empfehlungen dafür gefragt werde, hier meine Tipps:

Exkurs: Ferngläser

Es muss nicht immer gleich groß und teuer sein. Ich empfehle, erstmal mit kleineren Ferngläsern zu starten, gerne auch älteren, die vielleicht noch im Freundeskreis oder in der Verwandtschaft vorhanden sind.

Diese reichen zum Ausprobieren und für die ersten Entdeckungen. Wenn du dir irgendwann ein modernes Glas zulegen möchtest, dann ist eine achtfache Vergrößerung völlig ausreichend und bietet

GRÜNSPECHT

immer noch ein großes Sehfeld. Wenn der Objektivdurchmesser nicht größer als 32 mm ist, bleibt das Glas noch leicht und transportabel (8x32).

Singen in Schichten: Von wo singt der Vogel?

Eine weitere Frage, die du dir stellen kannst, wenn du einen Gesang hörst: Aus welcher Höhe singt der Vogel typischerweise? Hörst du den Gesang aus der Krautschicht, da wo die niedrigen Pflanzen wachsen? Oder eher aus der Strauchschicht, das ist die untere Schicht im Wald, wo die jungen Bäume und Sträucher wachsen? Oder kommt das Lied von ganz oben, aus der Krone? Oder gar aus dem Luftraum? Die meisten Vögel haben eine bestimmte Höhe, in der sie sich wohlfühlen.

Rotkehlchen singen aus der Strauchschicht, Buchfinken gerne aus der Krone, genauso wie Kernbeißer oder Kleiber. Diese beiden interessieren sich kaum dafür, wenn auf dem Boden ein Fuchs unterwegs ist, d.h. ihre Rufe erzählen uns wenig über die Gefahren, die auf dem Boden lauern.

Wenn du allerdings den Warnruf eines Zaunkönigs hörst, dann ist die Wahrscheinlichkeit ziemlich hoch, dass es sich um einen Bodenalarm handelt, denn der Zaunkönig singt aus der Krautschicht, wie auch die Mönchsgrasmücke (über die verschiedenen Alarmrufe erfährst Du mehr auf S.##).

Diese beiden interessiert es wiederum nicht, wenn ein Eichhörnchen in 15 Meter Höhe in der Krone herumturnt.

Eine Ausnahme ist die Kohlmeise, sie wechselt ständig und singt aus allen möglichen Schichten – das ist wiederum ein Merkmal für sie: das Singen aus verschiedenen Höhen.

MÖNCHSGRASMÜCKE →

Der Vogelsitzplatz

Ein hervorragendes Werkzeug, um sich mit der Natur zu verbinden, ist der Sitzplatz. Das ist ein Ort in einer möglichst natürlichen Umgebung, der relativ nah an deinem Zuhause liegt, sodass du regelmäßig ohne großen Aufwand dorthin gehen kannst.

Dazu musst du übrigens nicht auf dem Land leben oder in einer wunderschönen Umgebung. Auch und gerade in der Großstadt kann man tolle Sitzplätze finden.

Das kann eine Bank in einem Park, euer Hinterhof oder auch euer Vorgarten sein, Hauptsache, es ist ein Ort, an dem du dich wohlfühlst. Wenn dir keine schöne Ecke einfällt, schau mal auf die Karte (auch Google Maps oder Google Earth können da sehr hilfreich sein). Oft gibt es kleine grüne Ecken oder ungenutzte Flächen, die man vorher gar nicht wahrgenommen hat.

Auf diesen Sitzplatz gehst du, so oft es geht, und machst erstmal: NICHTS.

Es geht darum, anzukommen und sich mit der Natur zu verbinden. Alle Gedanken an Steuern, Kinder, Stress im Büro dürfen dann verschwinden, du bist einfach nur ganz da, präsent im Hier und Jetzt. Ich weiß, das ist nicht so einfach, wie es klingt. Doch ich kann dir versichern, dass sich dir nach und nach die Geheimnisse der Natur erschließen werden, wenn du lange genug dranbleibst.

Ich habe im Laufe der Jahre verschiedene Sitzplätze gehabt. Um jeden Einzelnen bin ich froh, denn durch sie habe ich unzählige Vogelarten kennenlernen dürfen.

Übrigens ist auch genau das Umgekehrte passiert: Nicht nur ich habe die Vögel kennengelernt, sondern sie auch *mich*. Nach und nach haben sie gemerkt, dass ich keine Gefahr darstellte. Und so zeigten sich auf einmal an meinem Sitzplatz Tiere, mit denen ich nie zuvor gerechnet hatte.

Signaturvögel

Neben den Helfervögeln, gibt es noch eine zweite wichtige Gruppe, wir nennen sie die Signaturvögel. Helfervögel sind meistens Kulturfolger, die verschiedene Lebensräume besetzt haben, Signaturvögel sind an eine bestimmte Landschaft gebunden.
Denn so wie jede Landschaft typische Pflanzen hat, die in ihr vorkommen, so gibt es auch bestimmte Vögel, die für diese charakteristisch sind.

Dabei muss der Signaturvogel nicht zwangsläufig selten sein. Bei uns ist zum Beispiel die Goldammer einer der auffälligsten Vögel auf unserem Platz. Sie brütet auf dem Boden, braucht Felder und eine abwechslungsreiche Wiesenstruktur. Das alles findet man nicht im Wald, nicht im Dorf und nicht in der Stadt, aber bei uns auf dem Land. Hier findet man auch die Rauchschwalbe, die offene Scheunen und Ställe zum Nisten nutzt.

Der Mauersegler hingegen braucht steinige Felsen oder hohe Gebäude, wo er seine Nester bauen kann, darum ist er vorwiegend in der Stadt zu finden.

Im Wald sind Baumläufer, Kleiber und Spechte zu-

BAUMLÄUFER →

hause, dort finden sie die Bäume, die sie für ihre Bruthöhlen oder Brutgelegenheiten brauchen. Gleiches gilt für den Waldkauz; der Steinkauz hingegen bevorzugt eine Streuobstwiese und Offenlandschaft.

Eichelhäher waren eigentlich Vögel des Waldes, inzwischen reichen ihnen auch ein Park oder ein paar große Bäume. Ein bisschen mehr verlangt da schon der Mäusebussard, er hätte gerne Offenlandschaft und große Bäume.

Auf den Feldern ist die Feldlerche zuhause – ihr Name verrät es schon.

Alle diese Vögel sind an eine Landschaftsform gebunden. Sie sind jedoch relativ häufig. Daneben gibt es noch die Vögel, die außer einer bestimmten Landschaft noch spezielle Voraussetzungen brauchen. Sie sind ein Indikator für die ökologische Intaktheit einer Landschaft.

Ein Beispiel dafür ist das Braunkehlchen. Es ist sehr selten geworden, die Bestandszahlen gehen rapide bergab, daran wird auch die Ernennung zum Vogel des Jahres 2023 wahrscheinlich nicht viel ändern.

Das Braunkehlchen braucht Brachflächen und etwas Wasser in der Nähe. Es singt von Warten, die ungefähr 1–2 Meter hoch sind, das sind in der Regel Totholzstängel (z.B. Beifuß oder Goldrute) vom Vorjahr, auf die es sich im frühen Frühjahr hinsetzen kann. Mit abgemähten Wiesen kann es nichts anfangen.

Wenn es anfängt zu brüten, ist es wichtig, dass es nicht zu viele Bodennesträuber gibt. Und es braucht viele Insekten, diese gibt es aber nur auf einer Bienenwiese, nicht auf einem Weizenfeld.

Wenn du also ein Braunkehlchen hörst, weißt du, dass all diese Faktoren in der Landschaft vorhanden sein müssen, sonst wäre es nicht hier. Die Anwesenheit eines Braunkehlchens zeigt, dass es sich um eine ökologisch intakte Landschaft handelt.

Ähnlich ist es mit dem Wendehals. Er ist so selten geworden, weil er offene Flächen und fertige Baumhöhlen braucht – die Streuobstwiese ist sein Zuhause.

Damit aber nicht genug. Seine Nahrung sind Ameisen, und er vertilgt viele davon. Allerdings nicht irgendwelche Ameisen, sondern nur eine ganz bestimmte Sorte: Die Wiesen- und Wegameisen, die es nur in abwechslungsreichen Wiesen gibt. D.h. der Wendehals braucht alte Streuobstwiesen mit gemähten und ungemähten Flächen. Sein charakteristischer Ruf, der auf unserem Platz häufig erklingt, macht uns darum froh, denn er erzählt uns, dass hier diese Voraussetzungen vorhanden sind.

Das sind meine Tipps und Informationen zur Beobachtung von Vögeln. Den Allerwichtigsten habe ich mir für den Schluss aufgehoben: Folge deiner Neugier!

FLEDLERCHE

WALDKAUZ

BRAUNKEHLCHEN

BAUMLÄUFER

GOLDAMMER

EICHELHÄHER

VOGEL PORTRÄTS

Welche Vögel leben in meinem Garten?

Der Ort, an dem man am einfachsten auf Vögel treffen kann, ist der eigene Garten oder auch der nächste Park. An der Futterstelle, in der Hecke, in den Bäumen, überall können wir unsere gefiederten Freunde beobachten. Sie bieten sich für einen Einstieg in das Kennenlernen der Vögel an.

Es sind Vögel, die nah am Menschen sind und keine Scheu vor ihm haben. Häufig handelt es sich um Kulturfolger, so wie zum Beispiel die Amsel, die vor 150 Jahren noch ein scheuer Waldvogel war und heute in unseren Dörfern, Städten, Parks und Gärten hervorragend zurechtkommt.
Die meisten dieser Vögel sind sehr flexibel und hoch anpassungsfähig. So ziehen viele von ihnen aufgrund der Klimaveränderungen im Winter nicht mehr gen Süden, sondern bleiben immer öfter hier – so wie die Amselweibchen, die früher in den Süden gezogen sind und jetzt häufig in den Städten überwintern.
Aus der Vielzahl der Gartenvögel habe ich vier herausgesucht, die uns besonders nahe sind.

Buchfink

(FRINGILLA COELEBS)

Ich hörte es schon von weitem. »Pink, pink pink«, schallte es über die Landschaft. Ein Buchfink war in Not, das war ganz klar. Die Teilnehmer*innen meiner Vogelwanderung in der Dämmerung hatten es noch nicht bemerkt, kein Kopf drehte sich. Nur mein Freund Tim schaute mich mit hochgezogenen Augenbrauen an. Auch ihm war der Notruf nicht entgangen.

Unauffällig beschleunigte ich meinen Schritt. Wir gingen auf eine große Eiche mit runder Krone zu. Als wir noch etwa 70 Meter entfernt waren, drehten sich die ersten Köpfe der Teilnehmer*innen. Auch ihnen fiel der Warnruf auf. »Pink, pink, pink«, schallte es unablässig aus der Eiche. Um die Eiche herum jedoch herrschte eitel Sonnenschein. Es sang aus allen Ecken, keiner der anderen Vögel wiederholte die Alarmrufe des Buchfinks.

Dieser jedoch war unermüdlich. Es waren zwei Vögel, das konnte ich deutlich unterscheiden. Als wir nur noch wenige Meter von der Buche entfernt waren, blieben wir stehen. Ich machte meinen Blick so weit und offen wie möglich, damit ich Bewegungen leichter erkennen konnte. Es dauerte nicht lange, und ich nahm die Finken wahr, die aufgeregt in der Eiche auf und ab hüpften. Es waren ein Männchen und ein Weibchen, bei den Buchfinken ist der sogenannte Geschlechts-

dimorphismus stark ausgeprägt, die Männchen sind farbiger als die Weibchen.

Das gilt besonders im Frühjahr, dann leuchtet die rostbraune Brust der Männchen intensiv. Dieses sogenannte Prachtkleid entsteht durch die Abnutzung der Deckfedern.

Das konnte ich natürlich aus der Entfernung nicht sehen, unverkennbar war hingegen die aufgeregte Körperspannung der Finken. Die Ursache ihrer Not hingegen war mir immer noch nicht klar. Schließlich, nach weiteren aufgeregten Alarmsignalen, entdeckte ich ihn: Ein Eichelhäher saß mucksmäuschenstill in der Eiche. Er hatte es auf das Nest des Buchfinkenpärchens abgesehen. Das Nest selber konnte ich nicht sehen, doch das war kein Wunder, Buchfinken bauen sehr kleine Nester, bei denen es mir schleierhaft ist, wie dort 4–6 Jungvögel hineinpassen. Darüber hinaus tarnen sie ihre Nester mit Flechten, die mit Spinnweben angeklebt werden. Gebaut wird das Nest gemeinsam von den Buchfinkeneltern. Der männliche Fink schmückt es für seine Angebetete, und sie vollendet es dann.

Bei aller Empathie für ihre Not machte es mich auch sehr neugierig, die Finken zu sehen, denn diese sind sonst in der Brutzeit besonders heimlich.

Da ihr Nest so klein ist, ist es sehr schwer zu finden. Beim Brüten ragen der Schwanz und der Kopf vorne und hinten aus dem Nest heraus, das löst die Kontur des Nestes weiter auf, macht es noch unsichtbarer für unsere schwerfälligen Augen.

Dennoch wusste ich, dass die Buchfinken im Schnitt vier Jungvögel bekommen, diese wachsen sehr versteckt auf, es ist mir noch nie gelungen, junge Buchfinken länger zu beobachten. Erst im September werden sie wieder sichtbarer, im Winter sind sie sehr sozial und schließen sich zur Nahrungssuche zu großen Trupps zusammen. Dann kann man sie gut am Vogelhaus beobachten, manchmal bekommen sie auch Verstärkung aus Nord- und Nordosteuropa. Das lässt sich relativ einfach feststellen, denn die Finken sprechen tatsächlich Dialekt, ihr Gesang hat je nach Herkunft unterschiedliche Endungen.

Der Merksatz für den Buchfinken ist je nach Region unterschiedlich – auch das zeigt ihre große Beliebtheit und Verbreitung –, bei uns lautet er »Ich, ich, ich schreib an die Regierung.«

Außerdem sind sie die rufaktivste Vogelgruppe. Darum heißen sie auch Fink, nach ihrem Kontaktruf »Pink, Pink.« Der Alarmruf hingegen klingt eher wie »zieh«. Dieser erschallte auch weiterhin durch die Eiche, beeindruckte den Eichelhäher aber nur mittelmäßig. Erst unsere Ankunft störte ihn, und er flog auf.

Sofort verstummten die Alarmsignale der Buchfinken, und sie fingen wieder an zu singen und auf die Suche nach Nahrung zu gehen. Die Welt der Finken war für diesen Moment wieder in Ordnung.

Amsel

(TURDUS MERULA)

Es war in den frühen Morgenstunden. Ich saß auf meinem neuen Sitzplatz in einem Wäldchen nahe des »Zinkens«. »Hot Spot« hatten wir das Wäldchen getauft, denn dort brüteten aufgrund des vielen Totholzes und des dichten Gebüschs zahlreiche Vögel.

Um mich herum tobte das allmorgendliche Vogelkonzert, als sich plötzlich die Tonlage änderte. Auf einmal schrillten von allen Seiten die Alarmrufe, ein Riesenspektakel setzte ein. Die Ursache konnte ich nicht erkennen, doch ich vermutete, dass ein Greifvogel auf der Suche nach Futter für seine Brut eingestrichen war. Schließlich verebbten die Alarmrufe, nur ein Amselbock konnte sich gar nicht mehr beruhigen. Um ihn herum sangen und fraßen alle wieder, aber dieses Amselmännchen – bei den Amseln singen nur die männlichen Tiere – stieß weiter unaufhörlich seinen Alarmruf aus.

Einige Tage später entdeckte ich ganz in der Nähe die Bruthöhle eines Waldkauzes, der seine Jungen gerne auch mit jungen Singvögeln füttert. Nun wusste ich also, warum der allgemeine Vogelalarm ausgelöst wurde. Warum aber die Amsel immer noch länger warnte als alle anderen Vögel, das war mir nach wie vor ein Rätsel.

Den ganzen Sommer über hörten wir regelmäßig, wie die Amsel warnte und warnte und warnte. Ich konnte sie auch beobachten, ihr ganzer Körper war angespannt vor Anstrengung und Aufregung. Meine Empathie mit dem kleinen Vogel wuchs. Was war passiert, dass er beim Anblick des Waldkauzes so in Panik geriet?

Schließlich fand ich eines Abends die Lösung. Ich saß alleine am »Hot Spot«, als es neben mir raschelte. Zuerst dachte ich an eine Erdkröte, doch die Urheberin des Raschelns war eine junge Amsel, die noch nicht flügge war. Sie hatte bereits das Nest verlassen, konnte aber noch nicht fliegen. In dieser Zeit, etwa 3–4 Tage, verharren die Jungvögel

← WALDKAUZ

am Boden und werde noch von den Altvögeln gefüttert. Sie sind jetzt besonders gefährdet, da sie nicht mehr im Schutz des zwar bodennahen, aber immer gut abgetarnten Nestes sind, aber auch noch nicht fliegen können, sich also bei einem möglichen Angriff nicht in Sicherheit bringen können.

Es ist die stressigste Zeit für die Altvögel, denn zu diesem Zeitpunkt ist sowohl die Bindung an die Jungvögel als auch die Gefahr für diese am größten.

Diese junge Amsel im Laub war sehr spät dran mit dem Flüggewerden, denn es war bereits Ende Juni. Es musste sich also mindestens um die zweite, wenn nicht sogar die dritte Brut der Amsel handeln.

Ob ihre Vorgänger überlebt hatten? War das der Schlüssel der Geschichte? Waren die Jungvögel der Amsel (pro Brut sind das 3–6 Küken) alle dem Hunger der Waldkauzkinder zum Opfer gefallen? Warnte deshalb der Amselbock immer so nachhaltig und andauernd vor dem Waldkauz?

Einige Wochen später entdeckte ich den Beweis für diese Theorie: Wir fanden Waldkauzgewölle – das sind Speiballen aus unverdaulichem Material ihrer Beute, die die Käuze auswürgen. Bei Eulenvögeln sind sie besonders interessant, da sie komplett erhaltenen Knochenreste oder Schädel erhalten. Als ich die Gewölle vorsichtig auseinandernahm, entdeckte ich Drosselfüße (die Amsel gehört zur Familie der Drosseln). Der Waldkauz hatte also tatsächlich die Amseljungen zur Fütterung seiner Nachkommenschaft verwendet.

Und so löste sich das Rätsel um die Aufregung der Amsel. Meine Familie und ich, die wir das Drama den ganzen Sommer miterlebt hatten, empfand eine große Empathie mit dem Amselpärchen, das nach und nach all seine Jungen verloren hatte.

Rotkehlchen

(ERITHACUS RUBECULA)

War es Liebe oder waren es Revierstreitigkeiten? Zwei Rotkehlchen saßen vor mir auf einem Ast. Das eine machte eine Art Knicks, das andere sah ihm dabei zu. Dabei erklang kein einziger Ton, es war eine komplett lautlose Szene. Ich konnte sie nur beobachten, weil ich bereits seit geraumer Zeit vollkommen ruhig auf meinem Sitzplatz saß und von den Tieren nicht mehr als Störung wahrgenommen wurde.

Ich war früh aufgestanden, hatte die Sonne aufgehen sehen, das große Vogelkonzert genossen und war eigentlich dabei gewesen, meine Sachen wieder zu packen und zu gehen. Doch die Szene zwischen den beiden Rotkehlchen ließ mich innehalten.

Das eine hörte gar nicht mehr auf zu knicksen. Dann stellte es seine roten Brustfedern ab, sodass die dunklen Daunenfedern darunter sichtbar wurden. So ein bisschen zerfleddert sah es jetzt aus. Es drehte den Kopf nach links und rechts und warf ihn schließlich hoch.

Das andere Rotkehlchen hatte still zugesehen. Immer noch fiel kein Laut. Ohne dass ich einen weiteren Austausch wahrnahm, verschwanden die beiden im Gebüsch.

Ich ließ mir die Szene nochmal durch den Kopf gehen und kam zu dem Schluss, dass es sich wohl um innerartliche Aggression handeln musste, dass das eine Rotkehlchen dem

anderen gezeigt hatte, wer der Stärkere war, wem das Revier gehörte.

Jahre vergingen, in denen ich nicht mehr an die Szene dachte. Bis ich bei der Lektüre eines Kinderbuches auf einmal auf die richtige Deutung kam. In »Der Findling auf dem Vogelbaum« erzählt Ondrej Sekora von dem Hochzeitstanz der Rotkehlchen und auf einmal fiel es mir wie Schuppen von den Augen. Denn genau das hatte ich damals gesehen: einen Tanz.

Das männliche Rotkehlchen – bei Rotkehlchen lassen sich die Geschlechter nicht voneinander unterscheiden – hatte dem Weibchen durch seinen Tanz zu verstehen gegeben, dass es fit und attraktiv war, dass es wusste, wo Nahrung zu finden ist. Rotkehlchen sind nämlich so zart gebaut, dass sie jede Nacht 10–15% ihrer Körpermasse verlieren, die sie tagsüber erstmal wieder ausgleichen müssen. Darum sind sie auch mit als erste wach und gehen sehr spät ins Bett. Sie ernähren sich vor allem von kleinen Gliederfüßlern, die wenig Kalorien haben und einen hohen Chitinanteil, der unverdaulich ist und wieder ausgeschieden werden muss. Um also nicht nur sich selbst zu erhalten und zu überleben, sondern auch noch die Energie für einen Tanz zu haben, muss das männliche Rotkehlchen sich sehr gut in seiner Umgebung auskennen und in der Tat wissen, wo es am besten auf die Jagd geht.

Für die Jagd kennt das Rotkehlchen drei unterschiedliche Methoden. Meistens hüpft es auf dem Boden herum, wühlt Blätter um, guckt in dichten Hecken, um dort nach Nahrung zu suchen. Es kennt aber auch die Ansitzjagd: Wie ein Greifvogel sitzt das Rotkehlchen dann auf einer Warte – in diesem Fall einem niedrigen Zweig – und wartet. Es hat sehr gute Augen und kann eine Mücke aus 8 Meter Entfernung erkennen. Hat es seine Beute erkannt, stößt es – so wie die Greifvögel – gezielt darauf zu.

Die dritte Art zu jagen ist ein Schwirrflug, wie wir ihn auch vom Kolibri kennen. Da flattert es aufgeregt in der Luft vor einem lohnenden Ziel, zum Beispiel großen Blütenkelchen, die vor Insekten überquellen.

Mit diesen Methoden fängt das Rotkehlchen seine Beute. Um satt zu werden, braucht es ein 700 Quadratmeter großes Revier. Die Reviere werden im zeitigen Frühjahr besetzt. Dabei gehen die Rotkehlchen recht aggressiv vor, es kommt immer wieder zu heftigen Auseinandersetzungen, die gelegentlich sogar zum Tode führen.

HECKENBRAUNELLE ›

Sind die Reviere einmal besetzt, so werden sie durch Gesang verteidigt. Dabei erkennt das Rotkehlchen seine Nachbarn am Gesang. Da lässt man sich schon mal gegenseitig aussingen und bestätigt sich so, dass alles seine Ordnung hat. Landet jedoch ein unbekanntes Rotkehlchen im eigenen Revier, so wird sofort singend dagegengehalten, der Gesang wird aggressiver, und von Aussingenlassen ist keine Rede mehr.

Bei diesem anstrengenden Leben ist es kein Wunder, dass die meisten Rotkehlchen nicht älter als ein Jahr werden. Es gibt aber auch immer wieder Individuen, die bis zu zehn Jahre alt werden.

Wie alt die beiden Rotkehlchen gewesen waren, hatte ich ihnen nicht ansehen können, aber ich wusste jetzt, dass es nicht darum gegangen war, einen Mitbewerber zu vertreiben, sondern ganz im Gegenteil für den Erhalt der Art zu sorgen. Haben sich Männchen und Weibchen erst einmal gefunden, so besetzen sie in guten Jahren zusammen ein Revier. Das Weibchen baut das Nest, legt 2–6 Eier. Das ist eine enorme Anstrengung für die zarten Vögel, das Weibchen braucht in dieser Zeit 20–30% mehr Energie als sonst und wird vom Männchen mitversorgt.

Die Jungen schlüpfen nach 12–15 Tagen, und verlassen nach ca. 13–15 Tagen das Nest. Danach werden sie noch 8 Tage von den Eltern gefüttert. Sobald die ersten Jungen ausgeflogen sind, versuchen die Eltern sofort wieder eine zweite und, wenn es sich ausgeht, sogar noch eine dritte Brut zu bekommen und durchzufüttern. Dabei kann es sogar zum Phänomen der sogenannten Schachtelbruten kommen; dabei füttert das Männchen noch die Jungvögel, während das Weibchen bereits wieder in einem anderen Nest brütet. Mit diesem extrem hohen Aufwand sichern sie die Erhaltung ihrer Art.

Sind die Jungen dann endgültig flügge und ist auch die letzte Brut durch, dann löst sich die Verbindung zwischen Männchen und Weibchen wieder, beide wollen nichts mehr voneinander wissen und sind fortan nur noch auf das eigene Überleben konzentriert. Sie sind Einzelgänger, die sich auch im Winter nicht zu einer großen Schar zusammenschließen.

Rotkehlchen sind Teilzieher, manche von ihnen fliegen im Herbst gen Mittelmeer, andere haben den Vogelzug aufgegeben und sind auch im Winter hier anzutreffen.

Doch bevor es Winter wird, singen sie alle im Herbst nochmal, was das Herz und die rote Brust hergeben. Das ist die Zeit, wenn die jungen Rotkehlchen gut zuhören und auf diese Art und Weise den Gesang ihrer Art kennenlernen. Der Gesang der Rotkehlchen besteht aus 275 unterschiedlichen Motiven, das ist unglaublich viel; zum Vergleich: eine Singdrossel kennt nur 100 differenzierte Motive.

Da sie gerne auf Zweigen, ungefähr auf menschlicher Augenhöhe, singen, sind die Rotkehlchen eine der Vogelarten, der wir im Alltag sehr häufig begegnen. Das liegt auch daran, dass das Rotkehlchen aufgrund seiner Anpassungsfähigkeit eine erfolgreiche Vogelart ist, die nicht bedroht ist. Ganz anders sieht es da zum Beispiel mit der Heckenbraunelle aus, die in Nahrungskonkurrenz mit dem Rotkehlchen steht, da sie sich von denselben Insekten ernährt, aber eher mit Rückzug reagiert und sich schnell vertreiben lässt.

Dieses Problem hat das Rotkehlchen nicht. Dennoch – und das gilt für alle Arten – braucht auch eine häufige Art wie das Rotkehlchen dringend mehr Naturschutz in der Fläche, mehr Hecken, mehr Totholz, mehr Unordnung und etwas Mut, den Reisighaufen und das Laub einfach mal liegen zu lassen.

Und wir brauchen Rotkehlchen, damit wir immer mal stehen bleiben können und uns vom Gesang der »Perle des Waldes« verzaubern lassen. Und wenn wir ganz, ganz still sind und viel Zeit mit ihnen verbringen, dann sehen wir vielleicht auch mal einen Hochzeitstanz.

Blaumeise

(CYANISTES CAERULEUS)

Gleich würde die Sonne aufgehen, das morgendliche Vogelkonzert war bereits im Abklingen. Seit 90 Minuten war ich mit Teilnehmer*innen einer Vogelwanderung in Bad Belzig unterwegs. Wir hatten neue Vogelstimmen entdeckt, gelauscht und beobachtet. Ich redete gerade über die verschiedenen Alarme und erklärte, dass man zwar oft die Störung hört, aber nicht erkennen kann, woher sie kommt oder wer sie verursacht. Im Durchschnitt entdecke ich den wirklichen Auslöser eines Alarmes ein von zehn Mal, meist bleibt es also bei einer Vermutung.

Genau in diesem Moment ertönte in der Krone eines Ahorns ein lokaler Alarm, in den mehrere Vogelarten involviert waren. Wir blieben stehen, ich sah genau hin und versuchte, die Ursache herauszufinden. Auf den ersten Blick war nichts zu erkennen, doch auf einmal flog ein Mäusebussard aus der Krone. Ein Mäusebussard ist – wie der Name verrät – kein reiner Vogeljäger, sein Hauptnahrungsmittel sind in der Tat Mäuse. Drum verstummten alle Vögel auch wieder relativ schnell – bis auf eine Ausnahme: die Blaumeise, sie warnte immer noch. Warum, war mir nicht klar, wahrscheinlich lag es einfach daran, dass sie ein vorsichtiges Wesen ist.

Anders als bei den Buchfinken konnte es nämlich nicht darum gehen, ihr Nest zu beschützen – die Blaumeise ist ein

Höhlenbrüter, sie benutzt gerne alte Spechthöhlen, nimmt aber auch Brief- und Nistkästen sehr gerne an, darin ist sie flexibel und anspruchslos. Was die Blaumeise beim Bauen des Nestes an Energie spart, steckt sie dann dafür in die Brut. Ich habe einmal ein Blaumeisennest geschenkt bekommen, das verlassen worden war, in dem 22 Eier drin waren. Im Schnitt legt das Blaumeisenweibchen 13–14 Eier, auch das ist sehr viel. Dafür gibt es auch nur eine Brut im Jahr, und das meistens schon sehr früh. Im Süden, wo es länger warm ist, brütet die Blaumeise manchmal auch ein zweites Mal, dann legt sie weniger Eier.

Um ihre vielen Jungvögel durchzubringen, ist sie immer auf Nahrungssuche und ständig auf der Hut. Sie ist die vorsichtigste unter den Vögeln, sie warnt lieber einmal zu viel als einmal zu wenig und sie verlässt sich nur auf sich selbst. Ihr Alarm hat übrigens dasselbe Muster wie ihr Gesang, die Tonart und die Geschwindigkeit verändern sich jedoch. Und so hören wir ihren Alarmruf immer wieder von allen Seiten. Wie häufig habe ich schon wegen ihres Alarms den Kopf gehoben, nur um ganz oben am Himmel, in weiter Entfernung einen Sperber oder einen Habicht zu sehen.

Sie ist aber nicht nur vorsichtig, sondern auch besonders neugierig und aufmerksam – so wie ihre großen Schwestern, die Kohlmeisen, auch. Wenn irgendwo etwas los ist im Wald, dann sind die Meisen die ersten, die nachschauen, was sich tut. Hängt irgendwo Futter, sind die Meisen die ersten, die sich daran gütlich tun. Sie sind mutig, neugierig, fröhlich, der Inbegriff von Lebensfreude.

MÄUSEBUSSARD

Liebe Leserin, lieber Leser,
gerne informieren wir Sie künftig über unsere Neuerscheinungen. Teilen Sie uns mit, für welche Themen Sie sich interessieren und schicken Sie einfach diese Karte zurück. Wenn Sie außerdem unsere Fragen auf der Rückseite beantworten, helfen Sie uns, zukünftig genau DIE Bücher zu machen, die Sie interessieren!

Darüber hinaus nehmen Sie an unserer **monatlichen Verlosung** teil! Die Gewinnerin/der Gewinner erhält Bücher zu den angekreuzten Themen im Wert von € 50,–

VORNAME / NAME

STRASSE / HAUSNUMMER

PLZ / ORT

Unsere AGBs samt Liefer- und Zahlungsbedingungen finden Sie unter www.verlagsgruppe-patmos.de

An die

VERLAGSGRUPPE PATMOS

Senefelderstraße 12
73760 Ostfildern

Ihre Meinung ist uns wichtig!

DIESE KARTE LAG FOLGENDEM BUCH BEI:

IHRE MEINUNG ZU DIESEM BUCH:

Einen Überblick über unser Gesamtprogramm sowie Beiträge zu vielen spannenden Themen finden Sie unter www.verlagsgruppe-patmos.de

MEINE E-MAIL-ADRESSE:

Ich interessiere mich für folgende Themen:

- **LEBE GUT**
- Psychologie & Lebensgestaltung
- Religion & Spiritualität
- Lifestyle (Essen & Trinken, Garten & Natur)
- Geschenkbücher & Karten
- Kundenmagazin Lebe gut
- **THEOLOGIE**
- **GESCHICHTE / LANDESKUNDE**

- Ja, schicken Sie mir zu den angekreuzten Themen Ihren halbjährlichen **Prospekt** mit allen Neuerscheinungen an meine Postadresse
- Ja, schicken Sie mir zu den Themen Lebe gut, Theologie und/oder Geschichte/Landeskunde den jeweiligen **Newsletter** mit den aktuellen Neuerscheinungen und Veranstaltungshinweisen an meine E-Mail-Adresse

Datenschutzhinweis: Ihre personenbezogenen Daten verarbeiten wir ausschließlich zu dem von Ihnen angegebenen Zweck. Ihre Rechte auf Auskunft, Berichtigung, Einschränkung der Verarbeitung, Löschung und Widerspruch können Sie per Mail an kundenservice@verlagsgruppe-patmos.de wahrnehmen.

Die Sichtbaren

Die Sichtbaren habe ich die Vögel genannt, denen man leicht begegnen kann. Sie sind neben den Helfervögeln diejenigen, die uns den Einstieg in die Vogelwelt leicht machen, denn sie sind besonders einfach zu beobachten. Wir beginnen mit dem buntesten Rabenvogel, den es in unseren Breiten gibt, dem Eichelhäher. Er ist ein Wald- und Parkvogel, der den Wald jedoch immer mehr verlässt und zunehmen auch in stadtnahen Gebieten zu finden ist.

Eichelhäher

(GARRULUS GLANDARIUS)

Es war mitten im Wald, als ich das charakteristische »hijäh« des Mäusebussards hörte. Irritiert hob ich den Kopf, irgendetwas an dem Ruf dieses Mäusebussards klang seltsam. Wieder ertönte der Ruf, diesmal erkannte ich die leicht dilettantische Imitation. Es war gar nicht der Mäusebussard, der dort rief, sondern der Eichelhäher. Er imitiert häufig Greifvögel, die in seinem Brutgebiet zuhause sind. Manchmal kann er das überzeugend gut, manchmal klingt er eher wie ein kaputte Schallplatte.

Nachdem ich dem Eichelhäher einmal auf die Schliche gekommen war, klärten sich so einige vermeintliche Mäusebussardbegegnungen, die ich in der Vergangenheit gehabt hatte und bei denen immer etwas nicht ganz gestimmt hatte.

Warum der Eichelhäher andere Vögel imitiert, weiß man nicht. Fest steht, dass er ausschließlich Greifvögel nachahmt, die auch in der Lage wären, ihn zu schlagen. Als ich im Umweltbildungszentrum »Drei Eichen« gelebt habe, hat er den Habicht nachgeahmt, der keine 100 Meter von unserem Haus entfernt gebrütet hat. Bei uns auf dem »Zinken«, imitiert er den Waldkauz, den tödlichsten Greifvogel in unserem Wäldchen. So erklingt mitten am Tag häufiger das »hUUUUuh« des Waldkauzes, manchmal treffend genau, manchmal genau daneben.

Vielleicht will sich der Eichelhäher manchmal wie ein mächtiger Greifvogel fühlen, vielleicht macht es ihm einfach Spaß, andere irrezuführen.

Keine Frage ist hingegen, dass der Eichelhäher der beste Gärtner weit und breit ist. So gut wie er kann niemand Eichen pflanzen. Denn aus den vielen Tausend Eicheln, die er jeden Herbst versteckt, wachsen unzählige Eichen – besser als aus den Setzlingen der Baumschulen, mit denen die Förster ihr Glück versuchen. Früher haben sich die Förster die Gaben des Eichelhähers sogar zunutze gemacht und ihre neuen Kiefernschonungen in der Nähe alter Eichen angelegt. Auf diese Weise bescherte ihnen der Eichelhäher einige neue Eichen inmitten der Kiefern.

Damit sind die Eichelhäher übrigens sehr viel erfolgreicher als die Eichhörnchen. Diese vergraben zwar auch bis zu

1000 Nüsse und pflanzen dabei Bäume, indem sie ein paar ihrer Vorratsräume vergessen. Der Eichelhäher hingegen versteckt über fünfzig Prozent mehr Eicheln, als er fressen kann. Warum er das macht, ist unbekannt. Meine Vermutung ist, dass er tatsächlich die Bäume für seine Nachkommen pflanzt und damit seinem Namen Eichelhäher oder Eichenheger alle Ehre macht.

Die Jungen schlüpfen im Mai nach einer Brutzeit von 16–19 Tagen. Beide Eltern kümmern sich um die Aufzucht; die jungen Eichelhäher sind schon nach drei Wochen flügge und verlassen das Nest. Danach werden sie noch drei bis vier Wochen von den Eltern versorgt. Ende August ist die Aufzuchtzeit dann beendet. Im Herbst trifft man manchmal auf kleinere Trupps von 10–15 Eichelhähern, das sind meistens Junggesellen aus der aktuellen Saison, die sich für den Winter zusammentun und versuchen, ihre mangelnde Erfahrung durch eine Vielzahl von Augenpaaren auszugleichen.

Generell sind Eichelhäher aber – im Gegensatz zu anderen Rabenvögeln wie Saatkrähen oder Dohlen – nur wenig gesellig.

Der Herbst ist übrigens die spannendste Zeit, um Eichelhäher zu beobachten, denn dann liegen überall Eicheln auf dem Boden, sitzt an jeder Straßenecke ein Eichelhäher und pickt eine Eichel nach der anderen auf. Bis zu 10 Eicheln können die Vögel in ihrem Kropf transportieren, und das sogar über mehrere Kilometer. Dann fliegen sie allerdings deutlich behäbiger als sonst, wirken geradezu unbeholfen.

Dennoch sind Eicheln einfacher zu transportieren als andere Nüsse wie zum Beispiel Kastanien oder Bucheckern. Erstere sind zu groß, letztere verschimmeln recht schnell und sind außerdem nicht besonders nahrhaft.

Eicheln hingegen haben nicht nur die ideale Größe, sie sind auch reichhaltig. Dazu muss allerdings erst die Gerbsäure, die

die Eicheln an sich ungenießbar macht, ausgewaschen werden. Das passiert automatisch, wenn der Eichelhäher die Früchte im Boden vergräbt, durch den Regen wird die Gerbsäure ausgeschwemmt.

Der Eichelhäher ist aber nicht nur der Gärtner, sondern auch der Polizist des Waldes. Mit großer Wachsamkeit beobachtet er alles, was im Wald passiert, und zeigt an, wenn etwas ungewöhnlich ist.

Mir ist das einmal in der Mecklenburgischen Seenplatte passiert, als ich morgens im Wald unterwegs war. Ich war in Eile, denn die Wildnispädagogik-Fortbildung sollte gleich beginnen, und schritt schnellen Fußes durch den Wald. Vor mir her flog die ganze Zeit der Eichelhäher, sein weißes Feld an der Bürzeldrüse machte ihn leicht erkennbar, genauso wie sein flatternder, träger Flügelschlag. Auch sein »rätsch rätsch«, dass in regelmäßigen Abständen vor mir auf dem Weg erklang, war unverkennbar. Mir war klar, dass ich auf diesem Gang ganz bestimmt keinem anderen Tier mehr begegnen würde. Sie waren alle vom Eichelhäher gewarnt worden, dass ein Mensch unterwegs war.

Und so war es dann auch. Der Wald, in dem ich sonst unzählige Tiere beobachten konnte, war an diesem Morgen wie ausgestorben.

Falls du bei deinen Spaziergängen nie Tiere im Wald siehst, achte mal darauf, ob dich die Waldpolizei bereits angekündigt hat. Und ob da hinten der Mäusebussard ruft oder doch eher der Eichelhäher.

HABICHT

Mäusebussard

(BUTEO BUTEO)

Der echte Mäusebussard ist nämlich ein Vogel der Felder und offenen Fluren, weniger der Wälder.

Er ist unser häufigster Greifvogel, wohlproportioniert, ästhetisch und leicht wiederzukennen. Hat man sich die Silhouette einmal gemerkt, sieht man ihn plötzlich überall. So erging es mir auf jeden Fall. Wo ich vorher nie einen Mäusebussard gesehen hatte, erblickte ich auf einmal Hunderte. Keine Autofahrt verging, ohne dass ich nicht meinen Kopf verdrehte, um die Bussarde am Wegesrand zu beobachten. Dabei war ich zuerst durchaus verunsichert. Konnten alle diese so unterschiedlich gefärbten Greifvögel wirklich zu einer einzigen Art gehören? Die weißen, braunweißen, die fast ausschließlich braunen? Waren das wirklich alle Mäusebussarde?

Ja, das waren sie, Mäusebussarde haben eine unglaublich breites Farbspektrum. Aber warum saßen sie immer am Rand der Autobahnen und Landstraßen?

Die Antwort auf diese Frage ist eher ernüchternd. Mäusebussarde sind Allesfresser, das schließ in ihrem Fall auch Aas mit ein. D.h. sie warten darauf, dass irgendein Tier den schnellen Autos zum Opfer fällt, und stürzen sich dann auf dessen Überreste.

Auch bei den Wolfrissen, von denen es jetzt in Brandenburg immer mehr gibt, haben die Mäusebussarde das Sagen. Früher

dachte ich immer, dieses Anrecht würden die Kolkraben für sich in Anspruch nehmen, doch inzwischen bin ich eines Besseren belehrt worden. Das Verhalten der Bussarde ähnelt dem von Geiern, sie versammeln sich zu mehreren um die Risse, verteidigen diese gegen Artfremde und haben untereinander eine ausgefeilte Hackordnung.

Doch sie fressen nicht nur Aas, sondern auch sonst fast alles, was ihnen unter den Schnabel kommt. Gerne Mäuse – danach sind sie ja benannt worden – aber auch Schlangen, Insekten, Heuschrecken, Käfer, Eidechsen, sogar Frösche und Kröten. Nur die Eier der Kröten können sie nicht verdauen, diese werden dann wieder ausgewürgt und landen als sogenannter Sternenrotz mitten im Wald. Früher hat man diesem Sternenrotz alle möglichen phantastischen Herkünfte zugeschrieben. Im 15. Jahrhundert sahen einige Forscher darin sogar die Reste von Sternschnuppen. Die Einsicht, dass es sich hierbei nicht um extraterrestrische Hinterlassenschaften, sondern um ausgewürgten Froschlaich handelte, setzte sich verständlicherweise nur langsam durch, war es doch eine sehr prosaische Erklärung.

All diese Tiere jagt der Mäusebussard übrigens nicht nur aus der Luft – ähnlich wie der Turmfalke rüttelt er dabei auch öfter –, sondern auch vom Boden aus. Für einen Greifvogel hat er erstaunlich kurze, fette und kleine Füße, mit denen er relativ gut laufen kann. Das erweitert sein Nahrungsspektrum und macht ihn sehr flexibel.

Aber auch in der Luft ist er gut ausgestattet, seine Flügel sind echte Allrounder. Damit ist er zwar nicht besonders schnell, aber wendig. Außerdem kann er mit ihnen bei Aufwind gut segeln. Die langen Gleitphasen nutzt er, um den nächsten Ansitz auszusuchen.

Der Mäusebussard gilt als außerordentlich stimmfreudiger Greifvogel, sein lautes »Hijäh«, auch Miauen genannt, kündigt ihn schon von weitem an.

Eine weitere seiner vielen Tugenden ist Geduld. Stundenlang kann er auf Warten stehen und nach Beute Ausschau halten, eine sehr energiesparende Jagdmethode.

All das macht ihn zu einer weit verbreiteten Vogelart, die aufgrund ihres breiten Nahrungsspektrums mit verschiedenen Lebensräumen zurechtkommt.

Auch in der Aufzucht ist der Mäusebussard erfolgreich. Er benutzt immer wieder den gleichen Horst. Dieser wird im Frühjahr geputzt und frisch begrünt - vermutlich eine Art Balzritual des Männchens. Haben sich die Paare einmal gefunden, bleiben sie ihr Leben lang zusammen. Das Weibchen legt zwischen März und April ein bis drei Eier, die es bis zu 35 Tage lang bebrütet. Danach schlüpfen die Jungvögel, diese werden nach 42 bis 50 Tagen flügge, halten sich aber noch bis zu zehn Wochen in der Nähe des Horstes auf und werden von den Eltern gefüttert. Erst dann suchen sie sich ein neues Revier, häufig in der Nähe des Reviers der Eltern und stehen auf den Warten am Straßenrand, wo sie dann dem nächsten Neuling den Kopf verdrehen, ob der vielen Mäusebussarde, die er auf einmal wahrnimmt.

Eine Warnung mag ich noch aussprechen: Wenn man aufgrund dieser Erfahrung davon ausgeht, dass alle wohlproportionierten Greifvögel Mäusebussarde sind, dann verpasst man im Winter womöglich den Raufußbussard, der dann bei uns zu Besuch ist und sich ganz unauffällig unter die Mäusebussarde mischt.

Buntspecht

(DENDROCOPOS MAJOR)

Das Jammern der Buntspechtküken war nicht zu überhören. »kix kix« erklang es laut und deutlich aus der Birke vor mir, wo die Jungen geschützt in einer Höhle darauf warteten, dass die Altvögel sie fütterten. Doch kaum dass diese ihrer Pflicht nachgekommen waren, ging es weiter; »kix kix« ertönte der Bettelruf wieder und wieder. Ich merkte, wie er mir immer mehr durch Mark und Bein ging, auch ich fühlte mich aufgerufen, möglichst schnell diese immer hungrigen Mäuler zu stopfen, konnte mich immer weniger konzentrieren und fokussieren. Was für eine harte Arbeit es doch war, Buntspechteltern zu sein. Als Vater von sechs Kindern hatte ich viel Sympathie für sie und litt mit ihnen.

Die beiden Gehörlosen hingegen, mit denen ich am Sitzplatz war, waren ganz entspannt, sie hörten das Betteln der Jungen nicht und erfreuten sich stattdessen an dem Schauspiel, wie die Altvögel immer wieder anflogen, um die Jungen zu füttern. Damit waren sie tatsächlich sehr viel näher an der Wahrheit dran als ich, denn es herrschte Frieden im Wald. Alles sang, putzte, fraß, fütterte seine Jungvögel. Es war ein ungestörter, wunderschöner Frühlingsvormittag bei uns auf dem »Zinken«.

Der Ausflug war Teil eines zwei Jahre währenden Projektes, bei dem ich Vogelsprache mit Gehörlosen praktiziert habe.

Ich habe ihnen dabei meine Ohren geliehen, sie mir ihre Augen und ihre Wahrnehmung. Denn darin waren sie mir weit überlegen.

Plötzlich hob einer der beiden den Kopf, schaute nach links, in diesem Moment höre ich schon das warnende »zieh« der Amseln, ein Habicht schoss aus dem Gebüsch, alle Vögel flogen in Panik hoch, die Buntspechte miteinbegriffen.

Genauso schnell wie er gekommen war, verschwand er auch wieder, niemand fiel ihm an diesem Morgen zu Opfer. Nach und nach entspannten sich die Vögel wieder, fingen wieder an zu singen, zu rufen, zu füttern. Auch das »kix kix« der Buntspechtküken setzte wieder ein und raubte mir wie zuvor den letzten Nerv.

Ich hatte für diesen Morgen genug gesehen und gehört und gab das Zeichen zum Aufbruch. Auf dem Rückweg fragte ich Matthias, warum er den Kopf gedreht habe. Er erwiderte, dass er das Gefühl gehabt habe, jemand starre ihn an, so wie man manchmal in einer U-Bahn das Gefühl habe, man würde beobachtet.

Obwohl er weder den Bettelruf der Jungen noch den Warnruf der Amsel hatte hören können, hatte er trotzdem genau gespürt, welche Stimmung im Wald herrschte. Sowohl die entspannte Stimmung bei der Fütterung als auch der Alarm beim Erscheinen des Habichts waren ihm nicht entgangen. Manchmal ist Wahrnehmung mehr, als wir uns mit unseren Augen und Ohren vorstellen können, das hatte mich dieser Frühlingsvormittag gelehrt.

Und manchmal ist Gesang auch nicht alles, auch das zeigt uns der Buntspecht. Er gehört nämlich nicht zu den Singvögeln, seine Lautäußerung besteht aus einem kurzen und scharfen Ruf, der manchmal mit dem einer aufgeregten Amsel verwechselt werden kann. Besonders leicht erkennbar sind die Vögel an dem sogenannten Spechttrommeln, das wahrscheinlich jeder schon einmal gehört hat. Dafür sucht sich der Specht einen toten Ast als Resonanzkörper und trommelt darauf herum.

Damit markiert er im Vorfrühling, am Ende des Winters, sein Revier, dann ist für ihn Balz und Territorialzeit.

Dieses Trommeln unterscheidet sich deutlich von dem Klopfen, das der Specht macht, wenn er auf Nahrungssuche ist, denn das ist durch Pausen gekennzeichnet.

Obwohl er in der Reviermarkierung recht aktiv ist, kommt es immer wieder vor, dass Spechte recht nahe beieinander brüten. Als Höhlenbrüter, der sich jedes Jahr eine neue Unterkunft baut (wovon viele andere Vögel profitieren), ist der Specht auf alte Bäume angewiesen. Stehen zwei davon eng beieinander, dann brüten häufig in beiden Spechte. Das passiert schon relativ früh im Jahr, Ende April, Anfang Mai. Das Weibchen legt vier bis sieben Eier, die sie lediglich 11–13 Tage lang ausbrütet. Danach beginnt die Fütterungsphase, die circa drei bis vier Wochen dauert. Je älter die Jungen werden, desto lauter werden ihre Bettelrufe, in dieser Zeit sind die Höhlen leicht zu entdecken. Brüten die Spechte nah beieinander, dann fliegt der eine auf seiner Nahrungssuche eher nach links, der andere eher nach rechts. Dennoch kommen sie sich häufig in die Quere und jagen sich mit lauten Rufen durch den Wald.

Auch das ist ein Grund, warum sie besonders leicht sichtbar sind.

Generell ist der Buntspecht allgemein bekannt, von ihm ist meistens die Rede, wenn es um Spechte geht. Dabei ist er nicht wirklich bunt, sondern eher schwarz und weiß. Nur die Unterschwanzdecken und der Steiß sind tiefrot gefärbt. Beim Männchen kommt noch ein roter Fleck am Scheitel hinzu, daran kann man es vom Weibchen unterscheiden, das einen schwarzen Nacken hat.

Seine weniger bekannten Verwandten sind der größere Schwarzspecht, der Grünspecht sowie der ähnlich aussehende Mittelspecht.

Sie alle brauchen alten Baumbestand, in den sie ihre Höhlen bauen können. In den Bäumen sind sie zur Nahrungssuche unablässig unterwegs, ihre Füße haben sich im Laufe der Evolution daran angepasst: Beim Buntspecht zeigen zwei Krallen nach vorne und zwei nach hinten, so kann er sich besser am Baum festhalten.

Denn dort findet er seine Nahrung: Larven, Kernen, Samen, Spinnen, Insekten, kurzum alles, was ihm auf dem Baum begegnet. Auch Vogeleier werden nicht verschmäht. Im Winter bleibt er hier und ernährt sich von Nadelbaumsamen. Dann kann man sogenannte Spechtschmieden finden, Rindenspalten, in die der Buntspecht Zapfen einklemmt und bearbeitet. Darunter liegen dann oft große Menge bereits geleerter Zapfen.

Im ausgehenden Winter beginnt bereits wieder die Balzzeit, das Trommeln ist zu hören, und so sicher, wie der Frühling wiederkommt, werden es auch die Bettelrufe der jungen Buntspechte.

Goldammer & Ortolan

(EMBERIZA CITRINELLA
& EMBERIZA HORTULANA)

Die Goldammer ist unser Familienvogel. Das liegt an meiner Tochter Aniluka, die die Goldammer besonders in ihr Herz geschlossen hat. »Sie goldet so schön am Bauch«, war ihre Antwort, als ich sie einmal in meinem Podcast gefragt habe, warum sie die Goldammer so mag. Ich habe ihr ein Foto von der Goldammer eingerahmt und geschenkt, es ist bis heute ihr Lieblingsbild.

In der Tat ist die Goldammer mit ihrem wunderschönen goldenen Bauch einer der auffälligsten Vögel bei uns auf dem »Zinken«. Sie ist ein Signaturvogel, der die Landschaft prägt. Das heißt, überall auf dem Platz begegnet uns ganzjährig die Goldammer. Ihre zitronengelbe Gestalt leuchtet aus den Bäumen, in heißen Sommern ist sie eine der wenigen, die noch singt. An grauen Novembertagen ist sie weit und breit der einzige Farbfleck, und ich erfreue mich an ihren häufigen Kontaktrufen.

GOLDAMMER →

Sie ist ein Vogel der Felder und Fluren, sie braucht offene Landschaften. Goldammern brüten auf dem Boden, sie bauen ihre Napfnester am Rand von Hecken und darinnen, oder auch unter Büschen. Ihre Brutperiode beginnt Mitte April und endet im August. In dieser Zeit zieht ein Goldammernpärchen zwei bis drei Bruten von jeweils drei bis fünf Jungen groß. Jede Brutzeit dauert 11–14 Tage, die Nestlingszeit im Anschluss 9–14 Tage. Solange werden die Jungen von den Altvögeln mit allerlei Insekten gefüttert.

Wenn es dann zwischendurch noch Zeit hat, singt das Goldammern-Männchen auf leicht erhöhten Sitzwarten. Der Gesang ist hoch und durchdringend, der Merksatz dafür lautet »Ich ich ich ich hab dich lieb«.

Allein schon deshalb hat er sich in mein Herz geschlichen, Anilukas »Lieblichsvogel«.

Das gilt auch für seinen nahen Verwandten mit dem exotischen Namen Ortolan. Als ich den Namen das erste Mal hörte, dachte ich an einen riesigen Greifvogel. Ein Blick in einen Vogelführer belehrte mich dann eines Besseren. Der Ortolan ähnelt der Goldammer sowohl vom Aussehen als auch im Gesang, ist aber viel seltener – so dachte ich damals zumindest.

Darum hat es auch einige Zeit gedauert, bis ich den Ortolan entdeckt habe. Zusammen mit meiner Frau Roxana und meinem Sohn Demetrius unternahmen wir ausgedehnte Fahrradtouren, um den Ortolan zu finden. Wir suchten nach Weizenfeldern, in deren Nähe Solitärbäume standen, die die Ortolane als Warte benutzen konnten. Nachdem wir zahlreiche Felder abgeklappert hatten und immer nur Goldammern hörten, blieb ich frustriert unter einer Eiche stehen. Wieder hörte ich nur Goldammerrufe, doch inmitten des »Ich ich ich hab dich lieb«-Konzerts erklang auf einmal ein ähnlicher Ruf, der etwas mehr Klangvolumen hatte als der der Goldammer und einen wohlklingenden, metallischen Hall. Ich bewegte mich so vorsichtig wie möglich vorwärts und siehe da, ich hatte einen neuen Freund gefunden.

Und wie immer, wenn ich einen neuen Vogel in mein Repertoire aufgenommen habe, veränderte sich meine Wahrnehmung in den folgenden Tagen schlagartig. Auf einmal hörte ich auf dem Weg, den ich regelmäßig mit dem Fahrrad nach Bad Belzig fuhr, mindestens drei Ortolane – vorher hätte ich geschworen, dass es hier nur Goldammern gab.

Inzwischen höre ich sie auch bei uns auf dem Platz. Seit drei Jahren singt sogar jeden Mai ein Ortolan in der Linde vor unserer Haustür.

Wie selten der Ortolan in meiner unmittelbaren Umgebung ist, kann ich darum gar nicht mehr beurteilen, denn bei so mancher Goldammer hat sich hinterher herausgestellt, dass sie eigentlich ein Ortolan war.

Die Verrufenen

In die »Die Verrufenen« beschäftigen wir uns mit den Vögeln, die alles andere als beliebt sind: Kolkraben, Elster und Tauben. Sie empfindet niemand als »niedlich« oder »putzig«, ganz im Gegenteil: Nicht selten werden sie offen angefeindet und gejagt.

Kolkrabe

(CORVUS CORAX)

Sein schlechter Ruf eilt dem Kolkraben weit voraus. Er würde neugeborenen Lämmern und Kälbern die Augen aushacken und sich dann an ihren Überresten gütlich tun, so konnte und kann man immer wieder in den Medien lesen. Nachdem sich diese Meldungen in Brandenburg zwischen 1995 und 2000 gehäuft hatten, wurden sie in einer ausführlichen Studie umfassend untersucht. Die Autoren der Studie kamen zu dem Schluss, dass die Meldungen sich größtenteils als unzutreffend oder erheblich übertrieben herausstellten. Die meisten Fälle waren schlicht und einfach Falschmeldungen. Nur selten war es tatsächlich zu Hackverletzungen nach der Geburt gekommen, dies betraf vor allem von der Mutter nicht betreute oder kranke Jungtiere, keine gesunden.[2]
Der größte Teil der Tiere, die als vom Kolkraben getötet gemeldet worden waren, waren an Krankheiten verstorben oder waren nach der Geburt nicht lebensfähig gewesen. Aber Kolkraben sind Aasfresser, und darum ernähren sie sich auch von Kadavern.

Das hat ihnen schon in früheren Zeiten einen schlechten Ruf eingebracht. Sie galten als die Überträger von Seuchen. »Galgenvögel« wurden sie genannt, weil sie sich häufig in der Nähe der Richtplätze aufhielten. Dabei verhinderten sie durch die Beseitigung der Kadaver doch eigentlich, dass sich

die Krankheiten verbreiteten. Doch diese Ansicht setzt sich nur langsam durch, das belegen die zahlreichen Falschmeldungen aus Brandenburg. Ein anderer Grund, warum der Rabe so unbeliebt ist, ist seine enge Verbundenheit mit dem Wolf. Und wie der Wolf wurde er regelrecht verfolgt und ausgerottet.

Um 1940 waren die Raben so gut wie ausgestorben, es gab nur noch vereinzelte Paare in Schleswig-Holstein und in Mecklenburg-Vorpommern. Nach dem Zweiten Weltkrieg wurden sie nicht mehr gejagt, heute sind sie ganzjährig geschützt, der Bestand hat sich erholt. Inzwischen gibt es überall in Deutschland wieder Raben, sie gelten nicht mehr als gefährdet. So hat sich auch auf unserem Platz ein Rabenpärchen eingefunden, und ich durfte in den letzten Jahren Zeuge eines spektakulären Duells sein.

Der schwarze Reiter schoss auf den roten Baron herab. Schon im zweiten oder dritten Jahr lieferten sie sich ihr Duell in der Luft. Es war ganz nah am »Zinken«. Der rote Baron hatte ein rotschwarz gestricheltes Gefieder, einen langen, gegabelten Schwanz, und beim Fliegen sah man deutlich die weißen Flecken am äußeren Ende der Flügelunterseiten. Es war der Rotmilan. Der schwarze Reiter war pechschwarz und hatte den größten Schnabel aller Singvögel, so wie er überhaupt der größte Singvogel ist und einer der intelligentesten Vögel weltweit. Es war der Kolkrabe.

Beide brüteten sehr nah beieinander, innerhalb von wenigen hundert Meter. Und so trafen sie immer wieder aufeinander und wetteiferten, wer besser fliegen konnte.

Aus meiner Sicht war der Kampf unentschieden: Der Rotmilan wich dem Kolkraben mit einem Salto aus und flog auf dem Rücken weiter. Das überraschte mich nicht – Wenn es um die Verteidigung seines Reviers ging, konnte er sogar kopfüber kreiselnd mit einem anderen Männchen bis fast auf den Boden stürzen und erst kurz vorher loslassen.

Aber auch der Kolkrabe beherrschte die aufwändigsten Flugmanöver, er wendete und setzte dem Rotmilan nach.

Ihre Künste erstaunten mich immer wieder, es sind unglaublich wendige Kunstflieger. Der Kampf war also fürs erste unentschieden.

Den Horst des Rotmilans hatte ich zuerst entdeckt. Obwohl es ein kleiner Horst war, hatte ich ihn sofort an den Plastikteilen erkannt, die im Horst verbaut waren. Früher hatte der Rotmilan dafür Lappen und Lumpen verwendet – davor warnt schon Shakespeare in seinem Wintermärchen: »When the kite builds look to lesser linen.«[3] Heutzutage benutzt er Plastikteile, die es leider zuhauf im Wald gibt. Das ist durchaus problematisch, denn Plastik ist – wie wir alle wissen – undurchlässig und verhindert somit eine ausgeglichene Luftzirkulation. Dies wiederum kann zur Durchnässung und Unterkühlung der Jungen führen. Dem Rotmilan sind diese Zusammenhänge unglücklicherweise nicht bekannt, darum verwendet er gerne Plastikteile, um seinen Horst auszupolstern und zu schmücken. Inzwischen gilt es sogar schon als anerkanntes Merkmal zur Bestimmung des Horstes: Plastik am Horst verweist auf einen Milan.

Auch der Rabe hat ein interessantes Verhältnis zu Plastik: Er frisst es offensichtlich, in seinem Gewölle findet man immer wieder Kunststoffreste. Doch in seinen Horsten verwendet er es nur zum Auspolstern, nicht zum Schmuck. An letzterem ist dem Raben wohl wenig gelegen, Rabenhorste sehen ziemlich zusammengeschustert aus. Manchmal habe ich den Eindruck, dass er damit seinem schlechten Ruf alle Ehren machen will. So wirkte auch der Horst meines schwarzen Reiters etwas ungepflegt. Und das, obwohl er eigentlich jedes Jahr von demselben Pärchen wieder benutzt wird. Kolkraben bleiben ihr Leben lang zusammen, es ist sind monogame Vögel. Sie sind treuer als viele Menschen, und äußert kommunikativ. 79 verschiedene Rufe wurden bei ihnen nachgewiesen, sie haben eine eigene Sprache mit Regeln. Entgegen dem geflügelten Wort von der Rabenmutter gelten sie auch als gute Eltern, die sich lange und ausdauernd um ihre Jungvögel kümmern. Dieses Vorurteil ist vermutlich entstanden, weil Jungvögel nach

ROTMILAN

dem Verlassen des Horstes noch sehr unbeholfen wirken und leicht der Eindruck entstehen kann, die Eltern hätten sie vorzeitig aus dem Nest geworfen.

Zu diesem Zeitpunkt sind sie auch am gefährdetsten. Die Nähe des Rotmilanhorsts kann ihnen jetzt zum Verhängnis werden, denn Kolkrabenjunge gehören durchaus zur Nahrung des roten Barons. Der Kolkrabe wiederum frisst nicht nur die Küken, sondern auch die Eier des Rotmilans gerne.

Diesen Kampf auf Leben und Tod verlor in diesem Jahr der Rotmilan. Am Anfang hatte er drei Junge, dann waren es nur noch zwei, am Schluss nur noch eines. Und auch die Überreste dieses Jungvogels hat meine Tochter tot unter einer hohen Kiefer gefunden. Ein Vogel war der Täter, das konnte man an den Federn deutlich ablesen. Sie wiesen einen Knick an der Basis auf, waren sonst aber unversehrt. Daran erkennt man, dass ein Greifvogel der Verursacher war, diese nutzen ihren Schnabel wie eine Zange und ziehen damit die Federn heraus, so entsteht der Knick. Säugetiere hingegen beißen die Federkiele durch, auch das sieht man den Federn deutlich an.

Im Jahr danach brütete der rote Baron 500 Meter weiter weg. Auch der schwarze Reiter musste sich einen neuen Horst bauen – sein alter war einem Februarsturm zum Opfer gefallen.

Die Kämpfe gingen weiter und sind bis zum heutigen Tage spannend geblieben. Auf die Frage, warum sie so nah aneinander brüten, habe ich bis heute keine endgültige Antwort gefunden, nur eine Szene, die ich nach vielen Stunden auf meinem Sitzplatz einmal erlebt habe.

Der Rotmilan flog einen Bussard an, der Beute geschlagen hatte, und nervte ihn so lange, bis dieser die Beute fallen ließ. Machte er dasselbe auch mit dem Kolkraben? Und der Kolkrabe mit ihm? Es scheint mir die einzig schlüssige Erklärung zu sein, warum der rote Baron und der schwarze Reiter die Nähe des anderen suchen.

Elstern

(PICA PICA)

Ihr Ruf ist nicht der beste, »die diebische Elster« ist jedem ein Begriff, ihre Vorliebe für glitzernde Sachen legendär. Ich habe jedoch nie selbst beobachtet, dass sie etwas klaut.

Aber auch meine erste Reaktion, wenn die Elstern Ende April zum ersten Mal auf den Hof kommen und die Nester der Singvögel nach Eiern absuchen, ist, die Tür aufzureißen und die Elstern zu vertreiben.

Mein Körper ist da schneller als mein Geist. Mein Kopf weiß, dass das einfach das Leben ist, dass die einen sich von den anderen ernähren. Die Rotkehlchen von den Insekten und die

Elstern eben von den Eiern der Rotkehlchen. Nur weil wir Menschen Rotkehlchenküken süß finden und Insekten eher eklig, heißt es noch lange nicht, dass die einen böse sind und die anderen gut.

Dennoch, das Vorurteil sitzt tief, ich erlebe es immer wieder an mir selbst. Einmal bin ich im Frühjahr die Straße entlanggelaufen, höre das Tschackern der Elstern, ähnlich einer geschüttelten halbleeren Streichholzschachtel, den Warnruf des Buchfinks und der Meise, renne los, denke nur noch: »Eierdieb, nicht bei mir am Platz!« und sehe erst dann, dass unten die Katze wegläuft. Vor ihr hatten die Meise, der Buchfink und auch die Elster gewarnt. Mein Vorurteil hatte mich reagieren lassen, dabei war die arme Elster genauso nervös gewesen wie der Buchfink und die Meise.

Die Elster lädt uns alle dazu ein, genau hinzuschauen und unsere Vorurteile zu überprüfen. Vielleicht ist es Zeit, sie zu überdenken?

Denn wer einmal ein Elsternjunges, das nach 24–30 Tagen im Nest gerade flügge geworden ist, beobachtet hat, wer Zeuge geworden ist, wie die Elsterneltern ganz aufgeregt daneben sitzen und um das kleine herumflattern, dem wachsen auch diese Vögel – die übrigens, wie auch der Kolkrabe, zu den intelligentesten Vögeln überhaupt gehören – ans Herz.

Und so habe ich die Elster dieses Mal nicht vertrieben, als sie ihr Nest in der Nähe unseres Platzes bauen wollte. Es ist groß, ihr Nest, 4–7 Eier werden darin liegen. So wie alle Elsternnester ist es auf Entfernung leicht zu verwechseln mit einer Mistel, so hoch oben thront es in den Bäumen. Obendrauf haben die Elsterneltern Dornen und Brombeerschlingen gelegt, damit ihnen andere Nesträuber wie zum Beispiel die nah verwandte Nebelkrähe ihre Brut nicht rauben. Ich drücke ihnen die Daumen, so wie allen anderen Vogeleltern auch.

Tauben

(COLUMBIDAE)

Als Flugratten werden sie beschimpft, teilweise sogar gezielt vergiftet und als Schädlinge bekämpft. Ihr Kot zersetzt die Bausubstanz der Städte. Sogenannte Spikes, spitze Drahtstäbe, werden auf Fensterbänken und Vorsprüngen montiert, damit die Tauben dort nicht landen.

Denn genau dort fühlen sie sich wohl. Unsere heutige Stadt oder Straßentaube ist eine verwilderte Form der Haus- und Brieftaube. Diese wiederum wurden ursprünglich aus Felsentauben gezüchtet, die nach ihrem Brutgebiet benannt wurden. Darum kommt den Straßentauben die zerklüftete Stadtlandschaft entgegen, sie erinnert sie an ihre eigentliche

Heimat. Straßentauben gelten zwar inzwischen als eigene Unterart, können sich aber immer noch mit den ursprünglichen Felsentauben paaren.

In den Innenstädten fühlen sich die Straßentauben zuhause. Es gibt reichlich Nahrung, Brutplätze, und wenn ihnen mal nach einer Ortsveränderung zumute ist, so fahren sie einfach U-Bahn, wie es viele Videos in den letzten Jahren immer wieder gezeigt haben. Eine Dokumentation aus London zeigt, dass die Tauben auf Nahrungssuche immer weiter von einer Station zur anderen fahren, um dort nach neuen Brotkrumen zu suchen.

Diese Nähe zu uns Menschen führt natürlich zu Konflikten. Dabei werden häufig alle Taubenarten in einen Topf geworfen, dabei gibt es große Unterschiede zwischen ihnen. Die Ringeltaube zum Beispiel lebt eher in den Vorstädten und Parkanlagen als in der Innenstadt. An dem weißen Fleck an ihrem Hals kann man sie gut erkennen, und auch an ihrer Größe, sie gehört zu den größten Tauben Europas.

Wenn sie nicht von Menschen bekämpft und gejagt wird, ist ihr größter Feind der Habicht, seltener auch der Turmfalke. Aber auch Bodenfeinde machen den Tauben zu schaffen: Letztes Jahr hat eine Ringeltaube versucht, in unserer Scheune ein Nest zu bauen. Sie hatte sich dafür einen herausfordernden Platz ausgesucht, einen Balken unter der Decke, der über Pfosten vom Boden erreichbar war. Zwei Wochen lang hatte sie immer wieder versucht, Reisig auf den Balken zu legen und immer wieder fiel es runter. Mühsam schleppte sie Tag für Tag Material von außen herein. Nach zwei Wochen hatte sie es endlich geschafft – normalerweise dauert der Nestbau nur um die sechs Tage – und legte ihre beiden Eier in das immer noch sehr löchrig aussehende Nest.

Am Abend sah ich sie noch sitzen und brüten, am nächsten Morgen fand ich unten am Pfosten Ringeltaubenfedern. Ein

Blick nach oben bestätigte meine Befürchtungen: Der Steinmarder hatte das Nest sofort entdeckt und war an den Pfosten nach oben geklettert.

Das war der Tod der Ringeltaube gewesen, das Ende ihrer Brut, die sie nun nicht mit Kropfmilch füttern würde, einer Milch, die nur Tauben produzieren und die – wie es der Name verrät – in ihrem Kropf entsteht.

Eine Taube, die die meisten nur aus der Sprache kennen, ist die Turteltaube. Sie gibt es wirklich, aber sie lebt so heimlich und versteckt im Wald, dass nur wenige Menschen sie tatsächlich schon mal gesehen haben. Dabei ist sie die schönste und kleinste Waldtaube, die es in unseren Breiten gibt. Sie ist schlank, ihre Flügel haben breite rot-gelbe Ränder, an ihrem Hals hat sie einen schwarz-weißen Fleck. Ihr Gesang besteht aus einem unterschwelligen, leisen Gurren, daher kommt auch der Begriff »Turteltäubchen« für Verliebte.

Der Ruf der Ringeltaube klingt komplett anders, unser Merksatz dafür lautet: »Hör gut zu Gudrun, du.«

Die Straßentaube hingegen mit ihrem schillernden Kopf gurrt wieder in einer anderen Tonlage als die Turteltaube. Und so sind alle Tauben verschieden, und auch wenn sie einige Menschen manchmal nerven, so sind sie es alle wert, dass wir sie kennen und unterscheiden lernen. Denn wenn du die Straußentaube nicht ehrst, wirst du die Ringeltaube nicht kennenlernen, und erst recht nicht die Turteltaube in ihrer ganzen Schönheit und Pracht.

RINGELTAUBE →

Die Luftikusse

Unsere Luftikusse lieben es, hoch am Himmel unterwegs zu sein. Aus der Nähe kann man sie nur selten beobachten, doch sie sind genauso faszinierend wie unsere Gäste am Vogelhaus.

Mauersegler

(APUS APUS)

Jahrelang dachte ich, das seien alles Schwalben, die oben am Himmel unterwegs waren, denn auf den ersten Blick sehen sich Schwalben und Mauersegler ähnlich. Und weil beide so viel in der Luft unterwegs sind, ist es schwierig, einem Mauersegler nahe zu kommen.

Nach und nach lernte ich die Unterschiede, und inzwischen weiß ich, worauf ich achten muss:

Das wichtigste Merkmal ist die Geschwindigkeit: Mauersegler haben eine atemberaubende Geschwindigkeit, so schnell sind Schwalben nur, wenn sie von einem Sperber gejagt werden. Auch ihre Rufe unterscheiden sich voneinander, die hellen, langgezogenen »Sri« Rufe der Mauersegler sind unverkennbar und so ganz anders als das Geschwätz der Schwalben.

Ein weiteres Kriterium ist ihre Anzahl. Mauersegler sind häufig in Trupps von 10–12 Vögeln gemeinsam unterwegs, die mit einem Affenzahn durch die Häuserschluchten der Großstädte rasen. Schwalben hingegen sind eher in einem lockeren, aber gleichzeitig größeren Verband unterwegs, sie halten mehr Abstand zueinander.

Ein wichtiges Merkmal, das ich vom Boden aus nur schlecht sehen kann: Mauersegler fliegen viel höher als Schwalben, der Himmel ist ihr eigentliches Zuhause. Die ersten zwei bis drei

Jahres ihres Lebens verbringen Mauersegler komplett in der Luft. Sie landen noch nicht mal, um zu schlafen, zu trinken, zu fressen, oder ihr Gefieder zu pflegen. Auch die Befruchtung findet in der Luft statt, sie berühren sich dabei kaum.

Wenn ein Unwetter kommt, ziehen sie davor weg, entweder weichen sie auf große Höhen aus oder fliegen bis zu 100 km weit weg, um danach wieder zurückzukehren.

Weil sie so viel in der Luft sind, sind ihre Flügel doppelt so lang wie ihr Körper; sie sind schmal und haben die Form einer Sichel. Die Flügel der Schwalben hingegen laufen spitz zu, sie sehen eher aus wie ein Dreieck.

Die Füße der Mauersegler hingegen sind sehr kurz. Wenn sie landen, müssen sie erstmal einen kleinen Sprung machen, erst dann können sie ihre Flügel ausbreiten. Doch es kommt selten vor, dass ein Mauersegler landet. Eigentlich nur, wenn es lange nicht regnet, dann müssen sie landen, um zu trinken (sonst stillen sie ihren Durst mit Regentropfen). Auch nach dem Zug findet man sie manchmal auf dem Boden, dann sind sie häufig so erschöpft, dass sie es nicht mehr schaffen loszufliegen. Dann kann man ihnen helfen, indem man sie auf den Arm nimmt und von dort starten lässt.

So richtig landen sie zum ersten Mal, wenn sie anfangen zu brüten. Das schaffen die Mauersegler dann doch nicht in der

Luft. Dicht an dicht bauen sie kleine Kolonien in Mauern, Hochhäuser, Türme. Früher haben sie in Felsnischen oder Felsvorsprüngen gebrütet, doch der Mauersegler ist ein Kulturfolger und hat sich an den Menschen angepasst. Er braucht eine große Höhe für seine Nester, unter 5. oder 6. Stock ist für ihn nicht akzeptabel. Deshalb – und das führt uns zu dem letzten Kriterium, das ihn von Schwalben unterscheidet – lebt er vor allem in Städten, nicht auf dem Dorf.

Doch auch dort wird die Lage immer schwieriger für ihn. Die Fassaden moderner Hochhäuser bestehen fast ausschließlich aus Glas, nicht mehr aus Backsteinen. Darum brauchen die Mauersegler unsere Hilfe in Form von Nistkästen, die auch an einer glatten Fassade angebracht werden können. Dort können sie ihre 2–3 Eier hineinlegen, die in 18–27 Tagen ausgebrütet werden. Bis die Jungen dann das Nest verlassen, vergehen weitere 38–56 Tage, in denen sich die Altvögel um ihren Nachwuchs kümmern.

Doch bevor es soweit ist und der Mauersegler brütet, ist er schon ein paar Mal über die Sahara bis nach Namibia geflogen. Dort bin ich ihm wieder begegnet. Als ich die Ju/'Hoansi, ein Volk der San-Bushmen, besucht habe, stieg ich in Windhoek aus dem Flugzeug, und wer begrüßte mich da? Ein Mauersegler, der den weiten Weg ganz alleine geflogen war, ohne fremde Flügel. Er war den Mückenschwärmen gefolgt, die er nun in seinem Winterquartier in der Luft vertilgte.

Weil der Mauersegler so weit fliegt, kommt er erst spät wieder zurück. Für mich fängt mit dem ersten gesichteten Mauersegler (meistens im Mai) der Sommer an. Viel Zeit, ihn zu beobachten und mich an seinen gewagten Flugmanövern zu erfreuen, bleibt dann nicht, denn schon Anfang August macht er sich wieder auf den Weg ins südliche Afrika. Auch das unterscheidet ihn von den Schwalben, die erst im September aufbrechen.

Schwalben

(HIRUNDINIDAE)

In den ersten Septembertagen gilt mein Augenmerk den Schwalbenkolonien bei uns auf dem Platz. Den ganzen Sommer über haben sie uns mit ihrem Geschwätz erfreut, haben unsere Scheunen mit ihren Küken bevölkert, die Böden mit Losung übersät. Und dann sind sie plötzlich von einem Tag auf den anderen verschwunden. Abgezogen nach Afrika, um dort die Insekten zu jagen und erst im April wiederzukommen.

Das gilt sowohl für die Mehl- als auch für die Rauchschwalben, unsere häufigsten Schwalbenarten. Sie unterscheiden vor allem durch ihr Aussehen. Die Mehlschwalbe ist auf der Unterseite komplett weiß. Die Rauchschwalbe hingegen hat ein braunrotes Gesicht, das auch aus der Entfernung gut erkennbar ist. Ihr Name kommt daher, dass sie früher viel in Kaminen gebrütet hat. Diese waren im Sommer nicht aktiv, darum konnte die Schwalbe dort ungestört ihre Nester bauen. Und so war sie der Vogel, der aus dem Rauch kam.

RAUCHSCHWALBE →

Wie man daran unschwer erkennen kann, sind Schwalben Kulturfolger. Ursprünglich haben sie an Felsen genistet, aber schon seit vielen Tausend Jahren haben sie sich dem Menschen angeschlossen und brüten in seinen Ställen und Scheunen. Besonders beliebt sind sie darum nicht überall, sie verursachen Unrat und Mist, immer mehr Bauern verschließen ihre Scheunen. Für die Schwalben ist das eine echte Katastrophe, denn sie sind sehr standorttreu und kommen immer wieder an ihren Geburtsort zurück.

Bei uns auf dem Platz dürfen sie das auch, ich freue mich über die Schwalben. Besonders interessant ist, dass es bei uns eine Mischkolonie gibt, d.h. Rauch- und Mehlschwalben nisten zusammen in einer Scheune. Das ist wirklich etwas Besonderes, denn normalerweise wohnen diese Arten nicht zusammen. Eigentlich bauen Mehlschwalben ihre Nester immer nur außerhalb geschlossener Gebäude, nicht innerhalb. Darum sind ihre Nester auch geschlossen und haben nur ein Einflugloch.

Die Nester der Rauchschwalben hingegen sind oben offen und bieten viel Platz zum Einfliegen. Da sie ihre Nester immer in Scheunen bauen, brauchen sie keinen Regenschutz.

Beide brauchen hingegen Lehm für ihre Nester. In trockenen Sommern ist das tatsächlich ein Problem, wir haben dieses Jahr so viele heruntergefallene Nester gefunden wie noch nie. In allen war zu viel Gras verbaut und zu wenig Lehm. Früher habe ich gedacht, dass unser kleiner Teich als Lehmreservoir ausreichen würde, inzwischen vermute ich, dass die Schwalben richtig nassen Lehm für ihre Nester brauchen, der nur bei Regen entsteht. Wenn es so trocken ist wie in den letzten Sommern, ist der Matsch am Ufer unseres Teiches offensichtlich zu trocken. Abhilfe kann man mit künstlich angelegten Pfützen schaffen, am besten an Stellen, wo durch Regen normalerweise auch welche entstehen würden.

Dann können sie ihre Nester wieder sicherer bauen, und die Überlebenschance ihrer Nachkommen wird größer. Die Sterberate ist nämlich hoch, das liegt nicht nur an herabfallenden Nestern, sondern auch daran, dass die Jungvögel sehr ungeschickt sind, manchmal einfach zu früh aus dem Nest plumpsen und Katzen und Greifvögeln zum Opfer fallen. Bei uns ist es der Sperber, der gerne in die Scheune fliegt und schaut, was er erwischen kann. Leicht ist es nicht für ihn, denn die Schwalben melden seine Ankunft jedes Mal mit ihren Alarmen. Darin sind sich Mehl- und Rauschwalben sehr ähnlich.

Dadurch, dass beide Arten in unserer Scheune zusammen brüten, habe ich das Privileg, dass ich sie sehr gut kennenlernen durfte. Dabei habe ich gemerkt, dass sie sich nicht nur äußerlich voneinander unterscheiden.

Die Rauchschwalben sind sehr geschwätzig, aber auch zänkisch. Sie sind zwar gemeinsam unterwegs, halten aber mehr Abstand untereinander ein, so auch beim Nestbau. Auch sonst schätzen sie die körperliche Nähe von ihresgleichen nur bedingt. Im Nest sitzt immer nur eine Rauchschwalbe, die zweite treibt sich woanders herum. Ihr Flug ist hektisch, sie ist sofort bereit, wenn die Katze auftaucht.

Die Mehlschwalbe hingegen ist gerne in Gesellschaft. Sie baut ihr Nest gerne, so eng es geht, an das ihrer Nachbarn und kuschelt sich mit ihrem Partner und ihren 3–5 Kindern ins Nest. Wenn sie alle zusammen oben aus dem Nest herausschauen, sieht es wirklich sehr süß aus.

Ihr Flug ist ruhiger, durch mehr Gleitphasen gekennzeichnet.

Auch wenn ich versuche, nicht ins Bewerten zu kommen, muss ich zugegeben, dass mir die Mehlschwalbe in den letzten Jahren immer mehr ans Herz gewachsen ist. Der enge Familienzusammenhalt, die gute Nachbarschaft, die körperliche Nähe – in all diesen Dingen finde ich mich als Vater von sechs Kindern wieder. Früher hingegen fand ich immer die Rauchschwalben attraktiver mit ihren tollkühnen Flugmanöver in und um die Gebäude.

Nach der Brut verschwinden beide wieder nach Afrika. Denn die Insekten werden dann hier rarer – leider inzwischen nicht nur im Winter, sondern generell. Das gefährdet die Schwalben in ihrem Bestand, genauso wie die Tatsache, dass viele Scheunen inzwischen entweder abgerissen oder ausgebaut, saniert und modernisiert werden, sodass die Brutmöglichkeiten für die Schwalben immer weniger werden.

Und so bin ich froh, dass ich diesem Trend etwas entgegensetzen kann, dass es auf unserem Hof drei Scheunen gibt, die den Schwalben genügend Raum zum Nisten bietet.

Stare

(STURNUS VULGARIS)

Ich stand am Alex in Berlin und sah mich irritiert um. Mitten in der Großstadt hörte ich einen Pirol, einen Rotmilan, den Mäusebussard, die Ente und das Blesshuhn. Kein Gewässer war in Sicht, kein Feld, kein Wald.

Nur ein schwarzer Vogel saß vor meinen Füßen. Bei genauerem Hinsehen glänzte seine Brust metallisch, sein Körper war schlanker als der einer Amsel, sein Schwanz etwas kürzer. Nacheinander machte er die verschiedensten Vögel nach, dazwischen mischten sich immer wieder knatternde und klappernde Geräusche. Einmal glaubte ich sogar eine Motorsäge zu erkennen. Fasziniert lauschte ich dem Star, denn er war der Urheber all dieser Geräusche.

Seinen Namen hat er nicht umsonst, denn er ist tatsächlich ein Star. Ein einzelner Vogel beherrscht bis zu 75 verschiedene Imitationen. Diese reichen von unterschiedlichen Vogelarten bis zum Klingelton eines Handys, dem Anlaufen einer Kreissäge oder auch dem Geräusch eines tropfenden Wasserhahns.

Manche Stare, die noch Zugvögel sind, machen auch Vögel nach, die sie aus ihren Winterquartieren kennen, d.h. wir hören dann hier Vögel, die es bei uns gar nicht gibt.

In Berlin jedoch sind die Stare Standvögel. Aus allen Himmelsrichtungen sammeln sie sich im Herbst am Dom und bilden eine riesige schwarze Wolke, die im Lustgarten übernachtet. Dabei dauert es, bis sie zur Ruhe kommen. Immer wieder fliegt ein Vogel hoch, immer wieder folgen ihm andere, erhebt sich der Schwarm in die Luft. Manchmal bilden sie dann in der Luft Formen, einmal wurde ich Zeuge, wie Zehntausende Stare einen großen Greifvogel in die Luft zeichneten.

Und gerade weil sie im Schwarm unterwegs sind, ist jeder einzelne Vogel unglaublich individuell. Jeder Star hat ein anderes Repertoire an Geräuschen, jeder unterscheidet sich von den anderen. Zusammen sind sie stark. Das Schwarmwissen scheint den Staren zu helfen – viele Augen sehen viel. – Manchmal auch mehr, als den Menschen lieb ist. Ich denke da an so manchen Kirschbaum, der nach einem Starenüberfall komplett leer gefressen war.

Auch sonst ist der Star sehr anpassungsfähig und flexibel. Darum ist er auf fast allen Kontinenten vertreten. In den USA, wo er ursprünglich gar nicht heimisch war, gilt er zum Beispiel als extrem erfolgreiche Art, die auch für das Aussterben anderer Arten verantwortlich ist.

Neuerdings gibt es auch in Patagonien Stare, auch da macht man sich Sorgen, ob sie eine Gefahr für bedrohte Vogelarten darstellen könnten.

Hier in Berlin hingegen ist der Star zuhause. Nun könnte man nach all diesen Ausführungen glauben, dass wir uns zumindest um die Stare keine Sorgen zu machen brauchen. Doch leider stimmt auch das nicht. Waren es früher Millionen von Staren, die am Dom und anderswo in Berlin unterwegs waren, so sind es jetzt nur noch mehrere Hunderttausend Vögel.

Vogelbeobachtungen aus den 40er und 50er Jahren des 20. Jahrhunderts erzählen davon, wie der Himmel über eine halbe Stunde schwarz vor lauter Staren war.

Davon ist heute keine Rede mehr. Stare gelten als gefährdet, ihr Bestand ist innerhalb weniger Jahre signifikant geschrumpft.[4] Auch sie leiden darunter, dass es zu wenig Insekten und zu viel Trockenheit gibt. Außerdem nimmt die Zahl der alten Bäume und damit auch der Bruthöhlen stetig ab. Auf diese sind Stare jedoch angewiesen, um zu brüten, sie können sich nicht selbst eine Höhle hacken, so wie zum Beispiel der Specht. Hat ein Star seine Höhle einmal besetzt, dann verteidigt er seine 4–8 Eier mit Leib und Seele, er gilt als sehr aggressiv.

Da er auf eine fertige Höhle angewiesen ist, brütet er auch nicht in Kolonien, sondern vereinzelt. Dennoch – und auch da zeigt sich ihr Wesen als Schwarmvögel – brüten alle Stare wie abgestimmt zum selben Zeitpunkt, sodass Mitte Mai nach einer Nestlingszeit von 17–21 Tagen alle Jungvögel gleichzeitig flügge werden und Horden von Jungstaren unterwegs sind. Wenn ihr Geschwätz dann über den Alex klingt, dann füllt sich mein Herz mit Freude. Denn ich sehe ihn gerne, diesen begnadeten Sänger, bei mir darf er sich sogar an den Kirschen satt essen.

MITTELSPECHT

Die Versteckten

Die Versteckten sind die Vögel, die man selten sieht, dafür meistens ganz gut hören kann. Wir wissen, dass sie da sind, doch da sie Zugvögel sind, die erst kommen, wenn die Bäume schon ausgetrieben haben, und wieder abfliegen, bevor die Bäume ihr Laub verlieren, sind sie nur schwer zu entdecken. Dazu gehören die Nachtigall (ihr Lieblingsaufenthaltsort sind dichte Hecken), der Kuckuck (dessen Fortpflanzung davon abhängt, ob er sich gut genug tarnt), und der Pirol (dessen Leben sich hoch oben in den Bäumen abspielt.)

Nachtigall

(LUSCINIA MEGARHYNCHOS)

Eigentlich singt sie auch am Tag, doch dann fällt ihr Gesang nicht so auf. Das ist auch unseren Vorfahren so gegangen, das Wort Nachtigall geht wahrscheinlich auf ein westgermanisches Wort zurück, das »Nachtsängerin« bedeutet. Sie ist einer der Vögel, die Poesie und Kunst am meisten beeinflusst haben, ihr Gesang löst unterschiedliche Emotionen aus. Manchmal ist er tragisch, manchmal auch laut schmetternd.

Und manchmal ist sie so laut, dass man sich nicht mehr unterhalten kann, das habe ich einmal bei uns auf dem Platz erlebt. Wir saßen bei einer Besprechung am »Wilden Esel«, es war schon spätabends, und plötzlich fing im Busch neben mir, keine zwei Meter entfernt, eine Nachtigall an, so laut zu singen, dass es unmöglich war, sich zu verständigen.

Gesehen haben wir sie dabei natürlich nicht – es war eine Neumondnacht – das ist ganz typisch für die Nachtigall. Viele Leute wissen, wie sich ihr Gesang anhört, doch wie sie aussieht, davon haben die meisten keine Ahnung. Denn sie ist ein Zugvogel, sie kommt erst, wenn alles schon recht grün ist und fliegt ab, bevor die Blätter fallen.

Wenn man sie dann doch mal zu Gesicht bekommt, ist das meist von einer Überraschung begleitet. Sie ist kleiner, als man denkt, und sieht auf den ersten Blick recht unscheinbar

aus, nicht ganz so groß wie eine Drossel. Bei näherem Hinsehen erkennt man, dass das rotbraune Gefieder einen samtig-seidigen Glanz hat, das macht sie wunderschön. Auch ihre großen, schwarzen Knopfaugen, die in der Nacht besonders gut sehen können, lassen mein Herz immer wieder schmelzen.

Es ist übrigens gar nicht so schwer, sie zu sehen, man muss sich nur ein bisschen Zeit nehmen und wissen, wo man suchen muss: in dichten Hecken. Keine Kirschlorbeerhecken, sondern richtig eng verzweigte, buschige und dornige Hecken voller Schlehen, Weißdorn und Hagebutten.

Wenn man sich dann eine Stelle sucht, wo man ein wenig in die Hecke reinschauen kann, wird man früher oder später eine Nachtigall entdecken.

Denn dort sitzt sie – eigentlich ein Er, denn bei den Nachtigallen singen nur die Männchen, und das aus voller Kehle. Sie singen von Anfang April 5–6 Wochen lang bis Anfang/Mitte Juni sehr intensiv, dann verstummen sie. Früher habe ich angenommen, dass sie schon weg seien, bis mir klar wurde, dass dieses seltsame Schnarren im Juli auch der Nachtigall zuzuordnen ist.

Im August/September macht sie sich schon wieder auf den Weg nach Afrika. Dann hat ist ihr Nest auf dem Boden gebaut, 4–6 Eier abgelegt und ausgebrütet, und die Jungen so lange gefüttert, bis sie selbstständig waren.

Gefährdet ist sie eigentlich nicht, wenn da nur nicht das ewige Bestreben der Menschen wäre, ihren Garten aufzuräumen und die alten, traditionellen Hecken durch immergrünen Kirschlorbeer zu ersetzen. Denn darin fühlt sie sich nicht zu Hause, hier singt sie nicht.

Kuckuck

(CUCULUS CANORUS)

Jeder kennt den Kuckuck. Es gibt Lieder über ihn, Redewendungen (»Weiß der Kuckuck«), und Bräuche, in denen er eine Rolle spielt (Wenn man beim ersten Kuckucksruf Geld in der Tasche hat, soll es einem das Jahr über nicht ausgehen).

So präsent der Kuckuck in unserer Sprache auch ist, zu Gesicht bekommen wir ihn fast nie. Denn der Kuckuck ist ein scheuer Vogel, er hat eine riesige Fluchtdistanz. Erhaschen wir doch mal einen Blick auf ihn, sieht er von ferne wie ein

Falke aus. Er ist ungefähr so groß wie ein Turmfalke, schwarz-weiß gebändert, hat einen langen Schwanz, der länger als der Körper ist, sowie sichelförmige Flügel. Seine Silhouette unterscheidet sich allerdings eindeutig von der eines Turmfalken, er lässt nämlich beim Sitzen die Flügel herunterhängen, das würde ein Falke nie im Leben machen.

Der Kuckuck ist ein Sonderfall. Er hat Füße wie ein Specht, zwei Zehen stehen nach vorne, zwei hinten, obwohl er nicht am Baum herumklettert. Fast alle Vögel haben 12 Schwanzfedern, er hat zehn. Alle europäischen Vögel ziehen ihre eigenen Jungen auf, nur der Kuckuck nicht. Er legt seine Eier in die Nester von Wirtsvögeln, vor allem von Schilfrohrsängern, Sumpfrohrsängern, Mönchsgrasmücken, aber auch Rotkehlchen.

Das ist auch der Grund, warum er so heimlich ist. Ein Vogel, dessen Strategie es ist, sein Ei in ein fremdes Nest zu legen, um es von fremden Vögeln großziehen zu lassen, muss natürlich unauffällig agieren, damit er dabei nicht erwischt wird.

Denn natürlich haben auch die Wirtsvögel längt verstanden, dass ihnen von Seiten des Kuckucks Gefahr droht, und so löst der Kuckuck bei seinem Erscheinen fast immer Alarm aus. Häufig wird er begleitet von einer Armada von Singvögeln, die ihn mobben.

Dabei ist es die Aufgabe des Männchen, die Aufmerksamkeit auf sich zu ziehen, damit das Weibchen ungestört sein Ei legen kann, wie auch in der folgenden Geschichte.

Ich saß mit einem Freund am See, wir waren mit den Kindern auf einer Kanutour. Der Kuckuck rief, es war Ende April. Die Kinder beschäftigten sich, ich war erschöpft vom Paddeln und nickte ein. Als ich aufwachte rief der Kuckuck immer noch, ich wunderte mich über seine Ausdauer und war, ehrlich gesagt, auch ein bisschen genervt. Auf der Suche nach dem Urheber ließ ich meinen Blick schweifen und sah ihn schließlich in der Nähe des Ufers auf einer Stromleitung sitzen. Ein Trupp kleinerer Vögel ärgerte ihn, aber er ließ sich nicht aus der Ruhe bringen.

In diesem Augenblick sah ich eine Bewegung aus dem Augenwinkel: Das Kuckuck-Weibchen flog ganz dicht über dem Schilf und verschwand darin. Mir war klar, was passieren würde.

Das Weibchen würde das Schilfrohrsängernest anfliegen, eines der Eier verschlucken (die darin enthaltenen Proteine waren zu verlockend), und ihr eigenes Ei in das Nest legen. Dieses kann sie bis zu zehn Tagen lang einhalten, auch wenn es schon groß genug zum Legen ist.

Das Kuckucksei sieht dem des Wirtsvogels unglaublich ähnlich. Wie genau das funktioniert, wissen wir nicht, aber es steht fest, dass Kuckucksweibchen ihre Eier denen des Wirtsvogels anpassen, bei dem sie groß geworden sind. D.h. dieses Weibchen war bei einem Schilfrohrsängerpaar groß geworden, darum legte es nun Eier, die dem des Schilfrohrsängers ähnlich sahen, in sein Nest.

Da es verschiedene Wirtsvögel gibt, können Kuckuckseier unglaublich verschieden aussehen, bis zu 19 unterschiedliche Kuckuckseier kennen wir, eine riesige Bandbreite innerhalb derselben Art.

Für die genetische Vielfalt sorgen übrigens die Männchen, indem sie alle Weibchen begatten, bei denen sie eine Chance haben.

Mit dem Kuckucksei stimmt die Anzahl der Eier im Nest dann wieder. (Die meisten Vögel können zwar nicht zählen, aber sie haben ein gutes Gefühl dafür, wie viele Eier sie gelegt haben, und würden eine Differenz bemerken.)

Hat das Weibchen sein Ei erfolgreich dem Wirtsvogel untergeschmuggelt, beginnt das Wettrennen mit der Zeit.

Schlüpfen die Schilfrohrsängerküken zuerst, werfen sie das

Kuckucksei aus dem Nest. Das kommt übrigens relativ häufig vor, nur jedes zehnte Kuckucksküken schafft es, zu überleben. Schlüpft der junge Kuckuck zuerst, schmeißt er alle anderen Eier aus dem Nest.

Die Elternvögel konzentrieren in der Folge all ihre Anstrengungen auf ihren einzigen Nachwuchs und füttern diesen Tag und Nacht. Dabei werden sie immer stolzer, denn ihr Jungvogel ist größer und fetter als der aller anderen Sumpfrohrsänger. Damit haben sie ihr Ziel erreicht, einen besonders fitten Jungvogel heranzuziehen.

Und so kommt es zu den kuriosen Bildern, wie winzige Grasmücken riesige Kuckuckjunge hingebungsvoll mit Nahrung füttern. Die gelb-orange Kehlfärbung ist dabei neben den Bettelrufen der Schlüsselreiz, dem die Wirtseltern einfach nicht widerstehen können. Es gibt sogar Geschichten von Kuckucksjungen, die von Sperlingen gefüttert wurden, nachdem die ursprünglichen Wirtseltern (in diesem Fall Mönchsgrasmücken) gestorben waren.

Der Kuckuck macht das übrigens nicht aus Bosheit oder Faulheit – wie ihm gerne unterstellt wird –, es gibt einen ganz handfesten Grund, warum er seine Eier Wirtsvögeln unterschiebt. Seine Hauptnahrung sind nämlich haarige Raupen, wie z.B. der Eichenprozessionsspinner. Die macht ihm auch kein anderer Vogel streitig, die meisten Vögel vertragen sie nicht. Dazu gehören leider auch die eigenen Jungvögel. Der Kuckuck hat sich also auf ein Nahrungsspektrum

TEICHROHRSÄNGER

spezialisiert, mit dem er seine eigenen Jungvögel nicht großziehen kann, sie würden daran ersticken.

Darum ist es gut, wenn diese von den Wirtsvögeln mit anderen Nahrungsmitteln, anderen Insekten versorgt werden. Auf diese Weise werden Kuckucksküken sehr abwechslungsreich ernährt, das fördert ihr Wachstum und stärkt ihre Resilienz.

Die brauchen sie dann auch ziemlich bald. Nach zwei Wochen verlassen Kuckucksjunge das Nest der Wirtsvögel, nach drei bis vier Wochen sind sie selbstständig, und im September machen sie sich allein auf den langen, weiten Weg nach Afrika. Alleine überfliegen sie die Sahara und treffen im Winterquartier südlich des Äquators zum ersten Mal auf Artgenossen. Was ihnen dann wohl durch den Kopf geht, wenn sie zum ersten Mal auf ihresgleichen treffen?

Im Frühling machen sie sich wieder auf den Weg zu uns, wo sie ziemlich spät eintreffen, Mitte April, kurz nach der Nachtigall. Dann müssen sie sich schnell paaren, und herausfinden, wo ihre Wirtsvögel ihre Nester gebaut haben.

Das Zeitfenster dafür ist sehr klein, und wenn jetzt die Mönchsgrasmücken aufgrund des Klimawandels nicht mehr so weit ziehen, daher früher zurückkommen und ihr Nest bauen, dann wird das für den Kuckuck zu einem großen Problem. Denn dann ist er zu spät dran, dann schlüpfen seine Jungen später als die des Wirtsvogels, dann überlebt das Küken nicht.

Und so wird es in unserer schönen Welt selbst für diesen sogenannten Schmarotzer eng.

Pirol

(ORIOLUS ORIOLUS)

Schon wieder hatte ich keinen Pirol gesehen. Dabei war ich so neugierig auf ihn. Immer wieder war er mir in den Vogelbüchern begegnet, ein amselgroßer Vogel, der einen leuchtend gelben Körper und schwarze Flügel hatte. Eigentlich kein Vogel, den man so leicht übersehen konnte, ganz im Gegensatz zu den vielen »kbVs«, wie ich die kleinen, braunen Vögel gerne nenne.

Dennoch hatte ich noch nie einen Pirol zu Gesicht bekommen. Sein Name war mir natürlich schon länger ein Begriff, doch das war nicht immer so gewesen. Das erste Mal war er

mir als Namensgeber für den bekannten Komiker Vicco von Bülow begegnet. Dieser hatte sich nach dem Vogel, der in seinem Familienwappen zwischen zwei Büffelhörnern saß, *Loriot* genannt – Pirol auf Französich.

In Mecklenburg wird der Pirol bis heute übrigens im Volksmund auch Herr von Bülow genannt. Wohl auch deshalb, weil man damit seinen Ruf beschreiben kann.

Einen Pirol zu sehen, das war mein Ziel. Ich las nach, wo es ihn gab, im Vogelbuch stand etwas von Pappelalleen, also ging ich diese ab. Doch nirgendwo habe ich seinen Ruf gehört, keinen Vogel entdecken können.

Schließlich habe ich ihn das erste Mal in einem der Kiefernwälder gehört, die die Landschaft in unserer Gegend prägen. Offensichtlich hatte der Pirol mal wieder die Vogelbücher nicht gelesen. (Dass die Vögel aber auch nie machen, was in den Büchern steht!)

Doch auch dort hörte ich ihn nur, bekam ihn aber nie zu Gesicht. Es ist sehr schwer, einem Pirol nahe zu kommen. Er ist extrem aufmerksam und hat eine riesige Fluchtdistanz von über 100 Metern. D.h. wenn ich 50 Meter von ihm entfernt stehe, und er 20 Meter über dem Boden in einem Baum sitzt, ist das für ihn schon zu nah, und er fliegt weg.

Außerdem hält sich der Pirol fast nur in den Kronen der Bäume auf. Dort baut das Weibchen (bei den Pirolen sind ausschließlich die unscheinbareren Weibchen dafür zuständig) ab Ende Mai auch die wunderschönen Nester aus Grashalmen und Fasern in die Zweige.

Hoch oben in den Zweigen der Kiefer in einem Grasnest hin und her gewiegt zu werden – das muss eine der schönsten Jungvogelzeiten überhaupt sein. Nach 16–17 Tagen ist diese jedoch schon zu Ende, danach werden die 3–5 Jungvögel aber noch von den Eltern gefüttert und bleiben bis zum Hochsommer bei ihnen. Dann steht für die Pirole schon der weite

Flug ins südliche Afrika an. Die Jungvögel fliegen vor den Altvögeln los. Diese bleiben manchmal noch bis in den Oktober bei uns, einmal habe ich Anfang Oktober noch eine Mauserfeder vom Pirol gefunden.

Doch trotz all dieses Wissens gelang es mir einfach nicht, einen dieser flüchtigen Vögel zu Gesicht zu bekommen. Alle meine Bemühungen, mein Schleichen durch Pappelalleen und Kiefernwälder führten zu nichts.

Manchmal braucht es den richtigen Zeitpunkt, damit ein Tier Nähe erlaubt. Meistens hat es etwas mit uns und unserer inneren Haltung zu tun, wann es der Fall sein wird.
Und manchmal muss man lange warten, bevor alles passt. Bei mir war es offensichtlich noch nicht der Fall. Ich hatte inzwischen meine Frau Roxana mit der Sehnsucht, einen Pirol zu sehen, angesteckt. Wir fuhren zwei- oder dreimal los, um uns auf die Suche zu machen, ohne Erfolg.

Beim vierten Versuch wurden wir wieder nicht fündig. Entnervt schlug ich vor, dass es jeder auf eigene Faust versuchen sollte und wir uns in einer halben Stunde wieder treffen würden. Roxana willigte ein, wir gingen unserer Wege. Als ich sie nach einer halben Stunde wiedersah, wusste ich sofort, dass sich bei ihr etwas getan hatte. Mit leuchtenden Augen kam sie auf mich zu und erzählte aufgeregt, wie ein Pirol in drei Meter Entfernung auf Augenhöhe an ihr vorbeigeflogen sei. Es war eine magische Begegnung gewesen, sie strahlte aus allen Poren.

Ich freute mich für sie und fragte mich gleichzeitig, warum sich der Pirol mir nicht gezeigt hatte?

Eine Antwort auf diese Frage gab es natürlich nicht, nur noch mehr Geduld. Schließlich, ich hatte meine gezielte Suche nach dem Pirol inzwischen aufgegeben, sah ich ihn endlich. Ich saß entspannt auf meinem Sitzplatz, hatte das morgendliche Vogelkonzert genossen und freute mich über die wunderschöne Morgenstimmung. In diesem Moment flog ein Vogel dicht an mir vorbei. Die Sonne ging über dem Horizont auf, und ich wusste genau, wer es war.

Der Pirol hatte sich mir endlich gezeigt und mich mal wieder daran erinnert, was es braucht, um scheue Vögel zu sehen. Geduld, den richtigen Ort, Glück und Verbundenheit. Wenn ich einen Pirol sehe, dann weiß ich, dass ich gerade gut mit der Umgebung um mich herum verbunden bin. Dafür ist der Pirol ein guter Anzeiger.

Inzwischen sehe ich regelmäßig Pirole. Vielleicht hat sich mein Körperradar geändert, vielleicht bin ich aufmerksamer geworden. Einmal, auf dem Platz eines Freundes, habe ich seinen Ruf gehört, aufgeschaut und durfte erleben, wie zwei Pirole einen Sperber verjagt haben. Bilder wie diese sind es dann, die mich immer wieder jeden Tag hinausziehen, hinein in dieses Netzwerk der Natur, das uns umgibt.

SPERBER

Die Spezialisten

Der Wendehals

(JYNX TORQUILLA)

»Gjä-gjä-gjä-gjä« ertönte es wieder und wieder quakend-klagend über den Platz. Wie ein Wecker, der monoton ansteigt und immer schneller wird.

Ich war in Südschweden und half mit, einer alten Scheune wieder neuen Glanz zu verleihen. Um den Platz herum standen Birken jeden Alters, ein paar Nadelbäume. Elche hausten im Wald, überall waren Seen.

Es war Ende April, und auch in Schweden wachte die Vogelwelt auf. Die Balz war in vollem Gange. Ich hörte bei der Arbeit immer mal wieder hin, freute mich, wenn ich die ein oder andere Stimme erkannte.

Diese erkannte ich nicht, aber sie war nicht zu überhören. Dabei wechselte der Vogel immer mal wieder die Warte, sodass ich ihn nicht zu Gesicht bekam. Doch sein Ruf erschallte den ganzen Tag über den Platz: »gjä-gjä-gjä-gjä«.

Seine Identität fand ich damals nicht heraus, aber sein Ruf ist mir im Gedächtnis geblieben.

Es sollte lange dauern bis ich ihn wieder hörte. Erst als wir hier in Grützdorf einzogen, traf ich wieder auf dieses markante »gjä-gjä-gjä-gjä«. Wieder war es April, wieder erklang der Ruf von markant hohen Bäumen. Diesmal dauerte es nicht lange, bis ich herausfand, wer der Urheber war: der Wendehals.

Der Wendehals ist in der Evolutionsgeschichte der Vögel eine sehr alte Art, einer der Vorläufer des heutigen Spechtes. Er ist der einzige Zugvogel unter den Spechten, von Anfang April bis in den August hinein ist er bei uns zuhause. Allerdings nur noch an wenigen Orten, denn er ist selten geworden.

Im Gegensatz zu den Spechten kann er sich seine Bruthöhlen nicht selber hacken, darum braucht er alte Bäume mit vorhandenen Höhlen, die auf nicht zu satten, nicht zu überdüngten Wiesen stehen, die ab und zu gemäht werden. Dort lebt seine Hauptnahrung die Wiesen- und Wegameise.

Mit anderen Worten: Er braucht strukturreiche alte Streuobstwiesen, die nicht allzu gepflegt sind, aber auch nicht komplett vernachlässigt. (Auf einer komplett zugewachsenen Wiese findet der Wendehals nicht mehr genügend Ameisen.)

Nur dann kann er genügend Nahrung für sich und seine Jungen finden, nur dann brütet er.

Das war natürlich auch meine Frage, als ich die Rufe des Wendehalses zum ersten Mal auf dem »Zinken« hörte. Würde er hier brüten oder war er nur auf der Durchreise? Genügte unsere alte Streuobstwiese seinen Ansprüchen?

Hörte ich zwei Männchen, die um ihr Revier kämpften, oder ein Männchen und ein Weibchen, die balzten? Bei den Wendehälsen ist das nämlich gar nicht so einfach voneinander zu unterscheiden. Spechte sind keine Singvögel, sie rufen. Auch das Weibchen ruft, und für das ungeübte Ohr ist es sehr schwer herauszufinden, ob es sich um einen sogenannten Duettgesang handelt oder ob die Urheber zwei rivalisierende Männchen sind.

Inzwischen kann ich den Unterschied hören, doch damals war ich noch weit davon entfernt.

Und so blieb mir nichts anderes übrig, als zu warten und zu hoffen. Noch konnte alles passieren. Die Landschaft wurde langsam grüner, die Tage wärmer. Als die Eichen ihre ersten Blätter nach außen schoben, hörte ich die Rufe des Wendehalses immer noch, und meine Hoffnung wuchs.

Anfang Mai waren sie immer noch da, und ich wurde meiner Sache immer sicherer: Der Wendehals würde hier brüten, würde seine 4–6 Jungen hier auf unserer Streuobstwiese aufziehen. Mit den Rufen, die ich gehört hatte, hatte er sein Revier markiert (aufgrund seiner Spezialisierung auf Wiesen- und Wegameisen braucht er ein relativ großes Revier) und sein Weibchen bezirzt.

Und er hatte auf der alten Streuobstwiese eine Bruthöhle gefunden, die nicht schon von einer Blau- oder Kohlmeise

besetzt war. Meisen sind ebenfalls Höhlenbrüter, als Standvögel sind sie im Vorteil, weil sie die geeigneten Höhlen früher belegen können. Ist das einmal der Fall, vertreibt sie daraus niemand mehr so schnell, auf jeden Fall kein Wendehals, diese sind nicht so aggressiv.

Einmal hat mein Freund Tim einen Kampf zwischen einem Wendehals und einer Kohlmeise erlebt. Beide hatten sich im trockenen Gras ineinander verhakt und kamen nicht mehr voneinander weg, die Kohlmeise hatte dem Wendehals daraufhin den Rücken blutig gehackt. Tim hat sie dann vorsichtig getrennt, und beide flatterten in verschiedene Richtungen davon.

Aggressivität ist nicht seine Stärke, dafür hat der Wendehals einen anderen Trick gefunden, wie er eine einmal besetzte Höhle verteidigt. Dieser ist in der Vogelwelt ziemlich einmalig. Er spielt mit seinem Aussehen.

Eigentlich ist der Wendehals unscheinbar – auch das ist natürlich ein guter Trick, um zu überleben. Mit seiner braun-weißen Färbung ähnelt er einem Stück Rinde – wenn er still auf einem Baum mit einer rissigen Rinde sitzt, ist er fast unsichtbar.

Ist er aber in Gefahr und muss sich wehren, dann macht er seinen Hals lang und wendet er seinen Kopf nach vorne und hinten – er kann ihn sogar bis um 180 Grad drehen, daher rührt auch sein Name. Da der Wendehals auf dem Rücken einen langen schwarzen Strich hat – den sogenannten Aalstrich, der vom Kopf über den Nacken bis zum Schwanzansatz geht – ähnelt er in dieser Bewegung einer Schlange.

Wenn ihn also jemand aus seiner Höhle vertreiben will, macht er schlangenförmige Bewegungen und wirkt dadurch wie eine Kreuzotter oder Schlingnatter. Diese Imitation scheint für Konkurrenten überzeugend zu sein, sonst würde er dieses Verhalten nicht beibehalten.

Was wir daran sehen können: Der Kampf um die Brutplätze wird mit allen Mitteln ausgefochten, und jeder Brutplatz, den wir zusätzlich anbieten können, ist Gold wert.

All das musste der Wendehals geschafft haben und nun brütete er (hoffentlich ungestört) auf der Streuobstwiese.

Nach seiner Höhle suchte ich nicht (und habe das bis heute in den ganzen acht Jahren nicht getan). Ich möchte nicht in die Versuchung geraten, ihm zu nahe zu kommen, um das Brutgeschehen zu beobachten. Der Wendehals reagiert sehr sensibel auf Störungen, und diese Gefahr wollte ich auf keinen Fall laufen.

Solange ich nicht weiß, wo er ist, verrät meine Körpersprache auch nicht, dass ich etwas von ihm wissen will, solange kann ich entspannt auf der Streuobstwiese unterwegs sein, ohne die Brut zu stören.

Und so pflegte ich die Streuobstwiese, mähte kleine Wege in das hohe Gras, ließ anderswo Gräser stehen, legte Totholzhecken an.

Bis Ende Mai, Anfang Juni begleiteten mich die Rufe des Wendehalses in den frühen Morgenstunden dabei, dann wurden die Jungvögel größer (der Wendehals brütet 11–14 Tage und füttert dann nochmal circa 14 Tage seine Jungvögel) und die Gesangsaktivitäten weniger.

Schließlich hörte ich ihn gar nicht mehr, außerhalb der Brutzeit sind die Wendehälse nur wenig ruffreudig. Im September war er dann wieder abgereist, der Platz verwaist.

Doch im nächsten Jahr war er wieder da, ab April hörte ich seinen markanten Ruf wieder. Inzwischen wusste ich auch, von welchen Warten er gerne sang. Am Anfang waren es immer mehrere Männchen, die das Revier für sich beanspruchten, ihre Rufe erklangen von der Scheune, vom Haus und von der Streuobstwiese. Nach ein paar Wochen wandelten sich die Rufe dann in ein Duett, in den ersten Jahren zogen die unterlegen Männchen weiter.

Doch nach drei Jahren waren es auf einmal zwei Duette, die auf der Streuobstwiese erklangen. Aus einem Brutpaar waren zwei geworden. Am Anfang hatte ein Paar noch die ganze Streuobstwiese für sich gebraucht, doch unsere Maßnahmen hatten offensichtlich dazu geführt, dass die Wiese zwei Paare und ihre Nachkommen ernähren konnte.

Und so ist der Wendehals, den wir anfangs als scheuen Vogel erlebt haben, inzwischen ein richtig guter Freund geworden, der uns morgens weckt, drei Meter vor unserer Haustür auf der Birke sitzt und sich nicht davon stören lässt, dass wir ein- und ausgehen.

Das alles haben wir nur erreicht, weil wir eine alte Streuobstwiese stehen lassen und pflegen. So einfach könnte es sein. So einfach ist es nicht, weil es durch die Flurbereinigung und die Industrialisierung der Landwirtschaft so gut wie keine alten Streuobstwiesen mehr gibt. Wenn jede Fläche einen gewissen Ertrag bringen muss, dann gibt es keinen Raum mehr für alte Arten wie den Wendehals.

Das Braunkehlchen

(SAXICOLA RUBETRA)

Es war ein schöner, kühler Morgen, Anfang Mai. Damals wohnte ich noch in Reetz, nicht weit von hier entfernt.

Ich wollte auf meinen Sitzplatz gehen, in der Woche zuvor hatte ich es nicht geschafft, zu viel war bei mir los gewesen. So machte ich mich auf den Weg in die Tongrube, die ich seit einiger Zeit regelmäßig besuchte.

Dort wurde seit circa fünf Jahren in einem bestimmten Bereich kein Ton mehr abgebaut, und es hatten sich mit der Zeit kleine Kiefern, Pappeln, Gräser, Melden und Goldruten angesiedelt. Hier hatte ich schon einige schöne Erlebnisse gehabt, hier fühlte ich mich mit der Natur verbunden. Eigentlich. Denn an diesem Morgen war alles anders. Ein kleiner Vogel saß auf einem Stängel ca. 50 cm über den Boden auf einer kleinkrautigen Pflanze und warnte die ganze Zeit wie verrückt. Er war ungefähr so groß wie ein Rotkehlchen, aber viel unauffälliger gefärbt, schwarz und bräunlich gefiedert.

Der Stress des Vogels war deutlich spürbar, und nachdem ich mich umgeschaut hatte, kam ich zu dem Schluss, dass ich der Schuldige daran war. Egal, wie ruhig und unauffällig ich mich versuchte zu verhalten, der Vogel ließ nicht nach in seinem Alarm. Offensichtlich war ich ihm zu nahe gekommen, hatte seine Fluchtdistanz überschritten.

Er musste in der Woche, in der ich nicht auf dem Sitzplatz gewesen war, sein Nest hier in der Nähe auf den Boden gebaut haben.

Zuhause schlug ich erstmal nach, wem ich da wohl begegnet war. Ich hatte zwar schon mal gehört, dass es außer dem Rotkehlchen noch andere verwandte Arten gab, nämlich Blau-, Schwarz- und Braunkehlchen, doch ich war noch nie einem Vertreter begegnet. Das Blaukehlchen schied sofort aus, es hat einen leuchtend blauen Fleck an der Kehle und wohnt eher in feuchten Gebieten. Braun- und Schwarzkehlchen stellten mich hingegen vor eine Herausforderung. Es ist nämlich gar nicht so einfach, die beiden voneinander zu unterscheiden. Der einzige deutlich erkennbare Unterschied ist, dass das Braunkehlchen einen weißen Augenüberstreif hat, einen Strich, der von oberhalb des Auges bis hinten durchgeht. Das Schwarzkehlchen hingegen hat einen dunklen Kopf und keinen weißen Streif. Im Vogelbuch konnte ich das alles deutlich sehen, draußen in der Natur, aus der Ferne, war es gar nicht so einfach. Auch die Akustik ist da wenig hilfreich, das Braunkehlchen kann nämlich alle möglichen Vogelarten nachahmen, darunter natürlich auch das Schwarzkehlchen.

Beides sind Zugvögel, die Schwarzkehlchen ziehen jedoch nur bis zum

BRAUNKEHLCHEN →

SCHWARZKEHLCHEN

BLAUKEHLCHEN
ROTKEHLCHEN

Mittelmeer, die Braunkehlchen über die Sahara bis in die Tropen. Darum kommen sie auch über einen Monat später zurück als die Schwarzkehlchen, d.h. wenn diese bereits brüten, kommen die Braunkehlchen gerade erst an.

Beim nächsten Mal versuchte ich, noch vorsichtiger zu meinem Sitzplatz zu gelangen, aber egal, wie langsam ich mich bewegte, der Vogel geriet immer außer sich. Es gelang mir auch nicht, ihn genauer zu betrachten, sodass ich immer noch nicht wusste, mit wem ich es zu tun hatte. Nachdem ich es zweimal versucht hatte, gab ich auf. Ich wollte das Brutgeschehen auf keinen Fall durcheinanderbringen, darum näherte ich mich dem Platz erstmal einige Wochen nicht mehr.

Als ich Ende Juni wiederkam, waren sie bereits verschwunden. Die Frage, wen ich da wohl gesehen hatte, ging mir noch einige Zeit im Kopf herum, dann vergaß ich den Vogel wieder. Was hängen blieb, war dieser Glaubenssatz in meinem Kopf, dass ich die Braun- und Schwarzkehlchen sowieso nicht voneinander unterscheiden kann.

Einige Jahren gingen ins Land, wir suchten nach einem neuen Ort zum Leben und kamen schließlich hierher, nach Grützdorf auf den Vierseitenhof, wo wir bis heute leben und arbeiten.

Im ersten Jahr, als wir hierhin zogen, war der Acker neben dem Gelände nicht gemäht worden, dort standen vertrocknete Gräser und Beifuß-Gewächse. Genau dort, auf einer kleinen Warte, habe ich das Kehlchen wiedergesehen. Es hat mich außerordentlich glücklich gemacht, diesen kleinen Vogel auf meinem Gelände zu entdecken. Zwar konnte ich wieder nicht feststellen, ob es sich um ein Braun- oder ein Schwarzkehlchen handelt, aber dafür würde ich ja nun genügend Zeit und Gelegenheit haben – so dachte ich damals.

Ich sollte mich irren. 2014 war vorerst das letzte Jahr, in dem ich ein Kehlchen auf unserem Gelände sah. Im Jahr danach haben wir die offenen Flächen und die Felder verpachtet, diese wurden nun regelmäßig gemäht, und ich fürchte, das hat das Kehlchen in die Flucht getrieben.

Die Trauer darüber war groß, doch damals konnten wir es uns finanziell nicht leisten, die Flächen nicht zu bewirtschaften. Als kleinen Ausgleich haben wir angefangen, an einem der Wege eine sogenannte Benjeshecke anzulegen. Eine Benjeshecke ist eine Totholzhecke, die aus Gehölzschnitt angelegt wird. Der Name geht auf die Gebrüder Hermann und Heinrich Benjes zurück, von denen auch der legendäre Ausspruch stammt »Der Vogel scheißt sich seine Hecke selbst zusammen.« Damit ist Folgendes gemeint: In diesen Hecken halten sich gerne Vögel auf und brüten, weil sie ihnen Versteckmöglichkeiten und Insekten bieten. Dabei setzen sie natürlich auch Kot ab. In diesem wiederum befinden sich die Samen der Früchte, von denen sich die Vögel am liebsten ernähren. Auf dem Totholz können diese Samen hervorragend keimen, und so steht da nach wenigen Jahren eine Hecke aus den Pflanzen, die die Vögel am liebsten mögen. Die Vögel haben sich ihre Hecke selbst gepflanzt.

Nachdem sechs lange Jahre kein Kehlchen bei uns auf dem Gelände gebrütet hatte, gab es 2021 auf einmal eine Wende.

Wieder war es Anfang Mai. Ich stand mit meiner Familie vor dem Haus, wir wollten einen kleinen Ausflug machen, hatten Ferngläser und sogar ein Spektiv eingepackt. Plötzlich sah ich einen ganz kleinen Vogel auf dem Dachfirst einer unserer Scheunen sitzen. Da, wo sonst die Bachstelze, der Rotschwanz, die Amsel oder auch der Falke sitzt.

Dieser Vogel hingegen war klein, sogar winzig, und er sang zart und kurz und schnell. Flugs nahm ich das Fernglas in die Hand, meine Frau packte das Spektiv aus. Da konnten wir es deutlich sehen, der Überaugenstreif fehlte, es war kein Braunkehlchen, sondern ein Schwarzkehlchen. Drei bis vier Stun-

SCHWARZKEHLCHEN

BACHSTELZEN

den saß es auf unserer Scheune und sang. Meine Vorfreude war allerdings verfrüht, denn in den folgenden zwei Wochen hörte und sah ich nichts mehr von ihm. Es war wohl doch nur auf dem Durchzug gewesen.

Doch in mir war die Erinnerung geweckt worden, wir verstärkten unsere Bemühungen, unseren Platz wieder wilder zu gestalten. Es war klar, dass wir mehr Brachflächen brauchten, mehr ungenutzte Plätze, die gerade für die Vögel so wichtig waren. Darum haben wir den Pachtvertrag nicht erneuert, als er 2021 auslief. Als letztes Abschiedsgeschenk säte der Bauer eine Wildblumenmischung auf dem Acker aus, die 2022 in voller Pracht blühte.

Auch die Benjeshecke war inzwischen zu einer ansehnlichen Größe herangewachsen, die Hagebutten hatten ausgeschlagen, die Weiden gewurzelt. Alles Orte, die unsere gefiederten Freunde dazu einladen, sich hinzusetzen und zu schauen, ob man dort brüten kann.

Und genau dafür entschied sich das Schwarzkehlchen in diesem Jahr wieder. 2022, acht Jahre nachdem wir den Hof übernommen haben, brütete zum ersten Mal wieder ein Schwarzkehlchen auf unserem Gelände. Fünf Junge hat es in der Hecke aufgezogen, obwohl dort jedes Wochenende zahlreiche Menschen vorbeilaufen, die an unseren Seminaren teilnehmen.

Doch nicht nur das. Als ich Mitte Mai mit einem Freund am Rande des ehemaligen Ackers stand und gemeinsam auf die in allen Farben blühende Wiese schaute, erblickte ich einen winzigen Vogel auf einer der Pflanzen. Ca. 40 cm über dem Boden saß ein Braunkehlchen, da war ich mir ganz sicher.

Noch hat es nicht bei uns gebrütet, doch ich werde alles daran setzen, dass das 2023 der Fall sein wird. 2023 ist es nämlich auch Vogel des Jahres, und es wäre einfach zu schön, wenn wir das mit einem Brutpaar auf dem »Zinken« krönen könnten.

Das würde mich natürlich persönlich sehr freuen, doch natürlich geht es um viel mehr. Denn das Braunkelchen gilt als eine der am stärksten bedrohten Vogelarten. Seine Bestandszahlen sind so stark im Schwinden, dass bei den Ornithologen die Alarmglocken angegangen sind.

Es braucht ungemähte Wiesen, Brachen und Feldränder, sowie einzelne Büsche, hohe Stauden oder Zaunpfähle, welche die Vögel als Sing- und Ansitzwarte nutzen.

Und natürlich kann all das nur funktionieren, wenn es vor Ort ausreichend Nahrung gibt. Das Braunkehlchen ernährt sich von diversen Insekten, Würmer und Spinnen. Alles Tiere, die in Totholzhecken vorkommen, darum sind diese so wichtig für die Artenvielfalt.

Doch es gibt bei weitem nicht genügend Hecken, viel zu wenig ungemähte Wiesen und immer weniger Brachflächen. Die Industrialisierung der Landwirtschaft hat diese Landschaftsformen auf ein Minimum reduziert, und es wird immer noch nicht genügend getan, um diese Entwicklung wieder rückgängig zu machen.

Dafür braucht es das Engagement jeder und jedes Einzelnen, den Vögeln wieder den Lebensraum zur Verfügung zu stellen, den sie brauchen, damit uns auch diese seltenen Arten, die Spezialisten, erhalten bleiben.

Auf unserem Hof werden wir weiterhin alles uns mögliche unternehmen, damit die Artenvielfalt auf unserem Gelände zunehmen kann.

Die Vogeljäger

Die grössten Feinde der Vögel sind die Vögel selbst. Nicht ihre unmittelbaren Artgenossen, aber ihre nächsten Verwandten, die Greifvögel. Dabei kommt es gar nicht auf die Größe an – Falke und Sperber sind beide nicht besonders groß – aber auf ihre Flugfähigkeiten und jeweiligen Jagdstrategien. Sowohl Falke wie auch Sperber gehören zu den schnellsten Vögeln überhaupt.

Fasziniert haben sie die Menschen seit jeher, auch mich ziehen sie immer wieder in ihren Bann.

Baumfalke

(FALCO SUBBUTEO)

Es ist schon 15 Jahre her. Damals wohnte ich in Füssen in der Nähe der Alpen, mitten in der Innenstadt. Es war ein milder Frühjahrstag, viele Menschen waren in der Fußgängerzone unterwegs und genossen die erste Kugel Eis des Frühlings.

Auch ich spielte mit dem Gedanken, als ich auf eine große Menschenmenge vor einem Schaufenster stieß. Ein Polizist war soeben dabei, einen Baumfalken in einen Sack hineinzustopfen. Ohne Nachzudenken trat ich nach vorne, behauptete, dass ich Ornithologe sei (was gar nicht der Wahrheit entspricht, da ich kein studierter Zoologe bin), und schlug vor, dass ich mich um den Baumfalken kümmern würde. Die Polizisten waren froh, dass sich ein Sachkundiger des Vogels annahm, und überließen mir den Falken. Ich verschattete ihm die Augen mit einem Tuch, damit er ruhig wurde, fasst ihn eng unter den Arm und ging mit ihm zur Tierärztin. Diese kümmerte sich um den Falken, untersuchte sein Gefieder, und spritzte ihm Kortison, damit sein Gehirn nicht weiter anschwoll (die größte Gefahr bei Kopfverletzungen). Er (es handelte sich um ein Männchen) war offenbar auf der Jagd nach Schwalben gegen eine Fensterscheibe geflogen.

In meinem Zimmer versorgte ich ihn mit Wasser und Küken, aber er wollte nichts fressen. Das ist nichts Ungewöhnliches für Greifvögel in Gefangenschaft, bei längeren Aufenthalten müssen sie häufig zwangsernährt werden, indem man ihnen die Nahrung mit einer Pinzette in den Kropf schiebt.

Ein bis zwei Tage kommen die Vögel aber problemlos ohne Futter aus, das Wichtigste sind in dieser Phase Ruhe und Wasser. Das bekam der Falke bei mir. Als ich am dritten Tag das Zimmer betrat, attackierte er mich, und ich wusste, dass es Zeit war, ihn wieder freizulassen. Ich zog mir meine Lederjacke und Handschuhe an, warf dem Falken ein Tuch über den Kopf und setzte ihn in einen Karton.

Im Füssener Stadtpark, nur wenige hundert Meter von dem Ort, an dem ich ihn gefunden hatte, ließ ich ihn wieder frei.

Sobald ich den Deckel des Kartons öffnete, flog er hoch – sofort erklangen im Umkreis von 100 Meter hohe, schrille Warnrufe. Denn Falken sind begnadete und gnadenlose Jäger. Sie sind zwar nicht besonders groß, dafür aber unglaublich schnell. Eigentlich sind Falken auch sehr wendig und können

waghalsige Flugmanöver fliegen, doch das war diesem Baumfalken anscheinend noch nicht so gut gelungen.

Streng genommen gehören Falken übrigens nicht zur Ordnung der Greifvögel, sie bilden eine eigene, die *Falconiferes*. Von den Greifvögeln, den *Accipitriformes*, unterscheiden sie sich dadurch, dass sie keine eigenen Nester bauen und ihre 2–4 Eier in alte Krähennester oder in Nischen von Türmen und und anderen hohen Gebäuden oder Steinbrüchen legen. Auch töten sie ihre Beute durch einen Biss mit ihrem Schnabel, während die eigentlichen Greifvögel ihre Beute mit ihren Fängen erlegen. Für die Singvögel macht es allerdings letztendlich keinen Unterschied, ob sie durch einen Biss in den Kopf oder durch die Fänge getötet werden, tödlich sind für sie sowohl Falken als auch Sperber und Habichte.

Und so hörte ich auch an jenem Tag in Füssen, wie die Singvögel vor dem plötzlichen Auftauchen eines tödlichen Jägers warnten. Der Falke aber verschwand so plötzlich aus meinem Leben, wie er gekommen war.

Sperber & Habicht

(ACCIPITER NISUS
& ACCIPITER GENTILIS)

Jahre später, ich wohnte inzwischen wieder in Brandenburg, sah ich in einem sehr gepflegten Vorgarten eine Plastiktüte auf dem Rasen liegen. Ich wunderte mich ein wenig über diesen Fremdkörper und sah genauer hin. Plötzlich bewegte sich die Plastiktüte, und ich erkannte, dass es sich um einen Habicht handelte, der sich möglichst artuntypisch getarnt hatte, um die Sperlinge, die in einem nahen Sandbad ihr Gefieder pflegten, auszutricksen. Als ich näher herankam, flog er in eine dichte Fichte.

Dabei löste er einen intensiven Alarm unter den Spatzen aus. Sowohl Habicht als auch Sperber gehören zu den Todfeinden der Singvögel, da sie sich hauptsächlich von diesen ernähren. Darum erklingt bei ihrem Auftauchen ein flächendeckender Alarm. Beim Habicht betrifft er eine Zone von ungefähr 80 Metern, beim Sperber, dem kleineren Verwandten des Habichts, warnen immer noch Vögel im Umkreis von 40–50 Metern (je nach Landschaft können diese Zahlen variieren). Beide sind extrem schnelle Vögel, die sich

SPERBER →

in der Luft bewegen und damit viel gefährlicher sind als Bodenjäger.

Wird einer der beiden im Wald gesichtet, so bleibt die Aufregung über eine Minute lang spürbar. Doch so ausgefeilt das Alarmsystem auch ist, es funktioniert nicht immer, und so gelingt es Sperbern und Habichten, sich und ihre Jungen zu ernähren. Dafür lassen sie sich immer wieder neue Strategien einfallen – wie zum Beispiel der Habicht auf dem Rasen in Reetz.

Als er dann in die Fichte flog, verhielt er sich so unauffällig wie möglich, er blieb einfach nur still sitzen.

Nach und nach vergaßen die Singvögel seine Präsenz, sie fingen wieder an sich zu putzen und nach Nahrung zu suchen. Das war der Moment, auf den der Habicht gewartet hatte. Jetzt schlug er zu und erbeutete einen Sperling. Diesen tötete er

mit seinen Fängen und brachte ihn dann heim zu seinen 2–4 Jungen, in seinen Horst, den er im angrenzenden Wald, hoch oben in den Bäumen gebaut hatte.

Strategien wie diese sind gang und gäbe unter den tödlichsten Greifvögeln. So habe ich von einem Habicht gehört, der jeden Mittwoch hinter einem Müllauto herflog und dann im geeigneten Moment hervorstürzte, um sich an den Sperlingen am Vogelhaus gütlich zu tun.

Wir Menschen sehen diese Vögel dabei übrigens eher selten, sie sind Schattenjäger, die möglichst unauffällig bleiben wollen.

Aber in jedem Waldstück, in dem es mindestens drei bis vier Baumarten gibt, jagt entweder der Habicht oder der Sperber. Beide sehen sich recht ähnlich mit ihrer gebänderten Brust und Flügelunterseite. Doch der Habicht ist sehr viel größer als der Sperber und kann Kleintiere bis zu der Größe eines Fasans jagen. Habichte und Sperber sind Ansitzjäger, sie jagen aus der Deckung heraus, ihr Revier sind Wälder, Parkanlagen, Dörfer und Städte. Mit ihren abgerundeten Flügeln sind sie sehr wendig, dafür aber lange nicht so schnell wie Baum- und Wanderfalken.

Die Jagdmethoden der beiden Vogeljäger sind oft waghalsig. So benutzen Sperber in Dörfern Terrassen und Häuserecken als Deckung, manchmal fliegen sie nur einen halben Meter über dem Boden, um den Überraschungseffekt zu nutzen. Dabei verschätzen sie sich ab und zu auch, ich habe einmal einen Sperber aus einem Hagebuttenstrauch herausgefischt, in den er auf seiner Jagd hineingeflogen war, aus dem er sich aber nicht aus eigenen Kräften befreien konnte.

Meine Sympathien sind eigentlich mehr auf der Seite der Singvögel, deren Gesang ich mag und die ich täglich füttere. Auf der anderen Seite weiß ich auch, dass das Leben als Jäger kein einfaches ist. Wie häufig habe ich beobachtet, wie der

Sperber vergeblich versucht hat, eine der Schwalben auf unserem Hof zu ergattern. Meistens ist er dabei nicht erfolgreich, an vielen Abenden geht er hungrig zu Bett bzw. ins Nest.

Es muss ganz schön anstrengend sein, immer ein großes Loch im Bauch zu haben, immer Hunger zu haben, immer auf der Jagd zu sein. Mittlerweile ist mir klar, dass ich an meiner Futterstelle nicht nur Singvögel füttere, sondern indirekt auch die in der Nähe lebenden Vogeljäger. Außerdem muss ich zugeben, dass ich es liebe, die spannenden Jagden zu beobachten. Darum übe ich mich darin, nicht zu viel zu werten. Natur ist eben oft grausam und wunderschön zugleich.

Waldkauz

(STRIX ALUCO)

Der vierte Greifvogel, den ich vorstellen möchte, ist der Waldkauz. Er ist mir von allen Greifvögeln der nächste, denn er brütet in einer Baumhöhle im »Hot Spot«. Mit ihm haben wir schon zahlreiche Geschichten erleben dürfen, eine davon findet sich im Kapitel über die Amsel wieder.

Der Waldkauz ist ein nächtlicher Jäger, nur im Sommer, wenn die Tage allzu lang sind, geht er auch mal abends auf die Jagd und ist im letzten Tageslicht zu beobachten. Jedes Mal, wenn er sich bewegt – egal zu welcher Tageszeit – löst er einen intensiven Alarm unter den Singvögeln aus. Ich habe ihn zwar noch nie dabei beobachten können, wie er Singvögel jagt, doch sein Gewölle lässt keinen Zweifel daran, dass neben Mäusen auch Singvögel zu seiner Nahrung gehören.

Darum sind alle Singvögel auch alarmiert, sobald sich der Waldkauz bewegt. Wie häufig habe ich schon beobachten dürfen, dass

der Waldkauz seine Höhle verlässt und der Wald sofort erfüllt ist von den Alarmsignalen der Amseln, Singdrosseln, Meisen und Finken. Oft bilden die aufgeregten Rufe einen Korridor von Warnrufen, der die Bewegungsrichtung des Kauzes aufzeichnet. Da er nicht steil nach oben fliegen kann, sitzen die Singvögel wie in einer Glocke um ihn herum, meistens nur ein bis zwei Meter weit weg (bei »Ästlingen«, also Jungkäuzen, sogar nur 50–60 cm) und warnen. Sobald der Waldkauz sich bewegt und das Revier einer Amsel verlässt, fängt die nächste an zu warnen, so kann der geübte Beobachter hören, wo er sich gerade im Wald aufhält.

Erfolg hat seine Jagd wohl am ehesten nachts, auch wenn die Singvögel dann in dichten, dornenbesetzten Hecken oder schwer einsehbaren Fichtenkronen schlafen.

Aber auch der Kauz hat hungrige Junge, die er ernähren muss, die Tag und Nacht um Nahrung betteln. Diese sind übrigens besonders fluffig und – wenn man Glück hat – leicht zu beobachten. Wie bei den meisten mittelgroßen Eulenarten verlassen die 2–4 Jungvögel nämlich im Alter von ungefähr vier Wochen ihr Nest, sie werden dann zu sogenannten

DISTELFINK

SINGDROSSEL

AMSEL

»Ästlingen«, die auf Ästen in der Nähe des Nests sitzen und von den Eltern versorgt werden. In diesem Stadium können sie noch nicht fliegen, das lernen sie erst mühsam, in dem sie mit Hilfe von Schnabel und Krallen an einem Baum emporklettern und sich dann von oben fallen lassen.

Wenn sie von einem Menschen entdeckt werden, geraten Ästlinge in Angststarre, sie werden dann ganz steif und machen keine Bewegung mehr. Sie wirken dann so leblos, dass sogar schon einmal ein Teilnehmer eines Camps zu mir kam und mich gefragt hat, ob ich ihm ein paar ausgestopfte Tiere hingestellt hätte. Er wollte die Ästlinge schon mit Fichtenzapfen abwerfen, davon konnte ich ihn gerade noch abhalten. Das hätte auch durchaus ungünstig für ihn ausgehen können, denn Waldkauzeltern sind dafür bekannt, ihre Jungen mit Fängen und Schnabel zu verteidigen. Auf diese Weise können sie schwere Verletzungen verursachen.

Stattdessen versteckten wir uns in den umliegenden Büschen und beobachteten, wie nach einer kleinen Pause die Waldkauzeltern ankamen und ihre hungrigen Jungen mit Nahrung versorgten. Erst nach ungefähr hundert Tagen hören sie damit auf. Die Jungen sind dann flügge und suchen sich ihr eigenes Revier. Ab Oktober beginnt die Balz, dann hören wir in jedem Park und Wald – der Waldkauz ist in seinem Bestand nicht gefährdet – ihre Rufe. »Ku-witt« rufen sie, früher interpretierten die Menschen das als »Komm mit«, der Waldkauz galt darum als Totenvogel.

Dabei dienen ihre Rufe doch eher der Suche nach einem Partner, mit dem sie dann ihr ganzes Leben verbringen. Waldkäuze sind monogame Vögel, die einander ihr Leben lang treu bleiben. Auch ihrem Revier sind sie lebenslang verbunden, es wird jedes Jahr von neuem verteidigt.

Und so ist der Waldkauz, der nah an unserem Platz brütet, seit Jahren wahrscheinlich derselbe – Waldkäuze können bis zu 18 Jahren alt werden –, und ich freue mich jedes Jahr auf seine Nachkommenschaft. Davon werden es wahrscheinlich nur 50% schaffen, das erste Jahr zu überleben, aber auch das gehört zu den Geschichten, die der Wald schreibt.

Ich bin dankbar dafür, dass er da ist, und für die mondhellen Nächte, in denen ich Zeuge werden darf, wie ein großer Schatten lautlos abhebt und nur wenige Meter über meinem Kopf abstreicht.

Die Nesträuber

Jedes Jahr ist es dasselbe Ab Ende Februar, wenn die Kohlmeisen beginnen zu brüten, bis hinein in den Juni, wenn der Neuntöter endlich aus dem Süden zurück ist und sein Nest baut, höre ich täglich mehrfach verzweifelte Vogelalarme vor meiner Haustür. Immer wieder ist der ganze Hof erfüllt vom Wehklagen verschiedenster Singvögel.

Es ist Brutzeit, die sensibelste Zeit für alle Vögel. Jedes Jahr bemühen sie sich mit immens hohem Aufwand und Einsatz um den Fortbestand ihrer Art.

Und jedes Jahr verlieren sie viele ihrer Bruten. Viele Vögel brüten tatsächlich zwei- bis dreimal pro Jahr. Manchmal fallen Küken zu früh aus dem Nest, in den meisten Fällen jedoch sind Nesträuber für den Verlust der Brut verantwortlich. Sie fressen sowohl die Eier als auch die Jungvögel.

Darum löst der Auftritt eines Nesträubers immer Alarm bei allen Vögeln in der Umgebung aus. Da die Vögel in dieser Zeit sehr ortsgebunden sind – kein Vogel verlässt während der Brut sein Revier –, ist die Brutzeit die beste Zeit, wenn man sich mit dem Alarmsystem der Vögel beschäftigen will.

Dazu ist es sinnvoll zu wissen, welche Nesträuber es gibt und was für einen Alarm sie auslösen.

Wer sind sie also, diese Nesträuber? Es sind tatsächlich nicht die üblichen Verdächtigen – Habicht und Sperber fressen keine Eier – sondern ganz andere Akteure. Manche von ihnen haben gar keine Flügel, sondern ein roten, puscheligen Schwanz und werden von den Menschen heiß geliebt.

Eichhörnchen

(SCIURUS)

Ich war mit einer Gruppe auf unserem Gelände unterwegs, als ich das Alarmzeichen hörte: Zwei Buchfinken waren offensichtlich extrem aufgeregt. Langsam näherten wir uns der alten Rotbuche am Wegesrand. Sie war dicht belaubt, ich hörte die Buchfinken nur, sah aber auf den ersten Blick nichts. Doch dann nahm ich eine Bewegung wahr: Ein Eichhörnchen lief einen niedrigen Ast entlang.

Ich zeigte schweigend auf das Eichhörnchen, in den Gesichtern meiner Gruppe sah ich die ersten Fragezeichen.

Viele fragten sich, warum ausgerechnet das süße Eichhörnchen für den Alarm verantwortlich sein sollte. Fast alle Menschen mögen Eichhörnchen, sie gelten als sympathische Tiere, der Niedlichkeitsfaktor ist hoch.

Die Buchfinken waren keine Fans, das war offensichtlich. Ihr Alarm war unüberhörbar – und auch verständlich. Denn Eichhörnchen sind berüchtigte Nesträuber, sie fressen gerne Vogeleier. Das machen sie natürlich nicht aus bösem Willen, sondern ein-

fach, weil sie im Frühjahr ganz dringend Eiweiß und Proteine brauchen. Nüsse sind dann keine mehr verfügbar, darum weichen die Eichhörnchen auf die nächstgelegene Nahrungsquelle aus – die Eier der Singvögel.

Aus diesem Grund waren die Buchfinken so aufgeregt, sie hatten Angst um den Inhalt ihres Nestes. Damit waren sie nicht alleine; alle Singvögel, die in Bäumen brüten, sind davon betroffen.

Sie alle geraten in Panik, wenn sich ein Eichhörnchen ihrem Nest nähert. Häufig kann man anhand des Fortschreitens des Alarms gut verfolgen, wo sich das Tier aufhält, ein langsam wandernder Alarm deutet auf ein Eichhörnchen hin.

Außerhalb der Brutzeit hingegen löst das Eichhörnchen so gut wie keinen Alarm mehr aus, dann können wir allenfalls noch beobachten, dass ein Vogel aufhört, sich zu putzen oder zu fressen und das geschickt kletternde Nagetier aufmerksam beobachtet.

Der Hunger des Eichhörnchens beschränkt sich aber nicht nur auf Eier, auch Jungvögel stehen auf seinem Speiseplan.

Wenn es nicht genügend Nahrung gib, und es merkt, dass es seinen Nachwuchs – im Durchschnitt 2 bis 5 Junge – nicht durchbringen wird, frisst es übrigens auch seine eigenen Babys.

Doch bevor es soweit kommt, geht es lieber auf die Suche nach Vogeleiern. Darüber freuen sich die Eichhörnchenbabys – die für das menschliche Auge ja auch sehr putzig sind – besonders.

In meiner Vogelbeobachtungsgruppe konnte ich so manche Ernüchterung beobachten, nachdem ich diesen Zusammenhang erklärt hatte – viele waren von dem Verhalten des vermeintlich süßen Eichhörnchens enttäuscht. Doch so funktioniert Natur nicht. Es ist lediglich die menschliche Wertung, die das eine Wesen eben besonders süß findet und das andere nicht. Und jede Spezies interessiert sich vorrangig dafür, die eigene Art zu erhalten, das gilt für Eichhörnchen genauso wie für Buchfinken und Meisen, auch wir Menschen sind da nicht ausgenommen.

NEST DES WINTERGOLD-HÄHNCHENS

NEST DES GELB-SPÖTTERS

Baummarder

(MARTES MARTES)

Eichhörnchenbabys gehören übrigens zu der bevorzugten Speise des nächsten Nesträubers, den ich vorstellen möchte. Bei ihm gibt es das Problem der moralischen Wertung nicht, die meisten Menschen haben keine besondere Vorliebe für ihn, im Gegenteil, sie fürchten um ihre Autoschläuche und Kabel. Die Rede ist vom Marder. Besonders der Baummarder ist dafür bekannt, dass Eichhörnchen zu seinen Spezialitäten zählen. Er ist scheu, Menschen bekommen ihn nur selten zu Gesicht, denn im Gegensatz zum Steinmarder wohnt er nicht auf Dachböden, sondern nur im Wald. Nur wenige Male hatte ich das Glück, einen Baummarder mit einer großen Gruppe zu sehen, und auch da hat mich der Alarm einiger Singvögel auf die richtige Spur gebracht.

Wir waren ungefähr 17 Leute, alle saßen still mit Ferngläsern auf einer Anhöhe und lauschten dem großen Alarm, den ein Waldkauz unter den Amseln ausgelöst hatte. Auf einmal änderte sich die Tonart des Alarms, die Grasmücken in der Weißdornhecke fingen wie verrückt an zu warnen, andere Vögel schauten neugierig aus der Hecke heraus, interessiert am Ursprung des Alarms. Da kam auf einmal ein Baummarder entspannten Schrittes aus der Hecke, schaute sich um, entdeckte 17 Menschen mit Ferngläsern neben sich und verschwand sofort wieder. In diesem Moment hörte der Alarm auch schon auf, die Grasmücken entspannten sich und fingen wieder an zu singen. Sie hatten Glück gehabt, er hatte es nicht auf ihre Nester abgesehen, offensichtlich war er bereits anderswo fündig geworden.

Baummarder sind investigative Allesfresser, sie sind ständig in Bewegung, jeden Tag legen sie zwischen fünf und sieben Kilometer in ihrem Revier zurück, markieren es und futtern alles, was ihnen in die Quere kommt. Mäusejungen, Vogeleier und Küken – und eben auch gerne das ein oder andere Eichhörnchen. Denn auch der Baummarder hat im Frühling Jungtiere – zwischen zwei und sechs, meistens drei – zu verpflegen.

Und er ist wagemutig und tollkühn. Auf einer Webcamaufzeichnung des belgischen Naturschutzvereins Solon sieht man den spektakulären Kampf zwischen einem Schwarzstorch und einem Baummarder. Der Schwarzstorch versucht mit aller Kraft, seine Eier zu verteidigen, der Baummarder lässt sich auch von den härtesten Hieben und Stichen des spitzen Schwarzstorchschnabels nicht aufhalten, sondern frisst genüsslich ein Ei nach dem anderen. Am Ende ist der riesige Schwarzstorchhorst leer.[5]

Das unterscheidet den Baummarder übrigens vom Eichhörnchen: Er nimmt es auch mit deutlich größeren Kontrahenten auf. Während das Eichhörnchen nur für kleinere Singvögel eine Gefahr darstellt, hat der Baummarder keine Hemmungen, auch die Nester größerer Vögel wie Eichelhäher oder Krähen auszurauben.

Darum löst er auch einen doppelt so großen Alarm wie das Eichhörnchen aus, das ist das entscheidende Kriterium, um diese beiden Alarme voneinander zu unterscheiden.

Nebelkrähe

(CORVUS CORNIX)

Die allermeisten Alarme lösen tatsächlich aber andere Vögel aus. Vor allem Spechte und Krähenvögel (Krähen, Elster, Raben) haben sich auf die Eier ihrer Artgenossen spezialisiert.

Beim Kolkraben habe ich schon häufig beobachtet, dass er die Eier des Milans frisst. Umgekehrt habe ich es noch nie erlebt (was nicht heißt, dass es nicht vorkommt, die Natur liest unsere Bücher nicht und hält sich nur selten an die Regeln, die wir aufstellen).

Seine kleineren Artverwandten, die Krähen, haben hingegen keine Scheu vor dem Kolkraben. Ihre Späher verfolgen seine Aufenthaltsorte und melden es der Krähenschar, wenn er außer Haus ist. Dann schleichen sich mehrere Krähen zum Horst des Kolkraben und versuchen, an seine Eier zu kommen.

Nicht immer gelingt ihnen dieses Unterfangen, Kolkraben sind sehr wehrhafte Wesen. Da hilft es den Krähen auch nicht, dass sie immer in einem Trupp unterwegs sind.

Der Alarm, den sie auslösen, ähnelt auf den ersten Blick dem Alarm vor dem Baummarder oder dem Eichhörnchen. Bei genauerer Beobachtung fällt jedoch auf, dass der Alarm anders wandert, dass es immer wieder größere Lücken gibt. Der Grund dafür ist einfach und offensichtlich: Krähen können fliegen, sie können größere Abstände zwischen Bäumen überwinden als Eichhörnchen und Baummarder.

Dieses Jahr hat eine Krähe nahe am Hof gebrütet. Wo genau, habe ich nicht herausgefunden, ich gehe nie vorsätzlich auf die Suche nach Nestern. Alle Vögel haben beim Nestbau schon genügend Stress, da braucht es nicht noch zusätzliche Störungen.

Aber ich habe sie immer gesehen, wie sie auf dem Hof entlangschlich, wie in früheren Zeiten ein Landstreicher, der sich um die Scheunen herumdrückte und nach einem Bett im Heu suchte. Manchmal entdeckte ich sie auch am Waldrand, immer lautlos, immer auf der Hut. Sie rief nur selten, machte nicht auf sich aufmerksam.

Dann war sie wieder weg, tauchte unvermutet am Meerschweinchenstall wieder auf oder am Vogelhaus. Sie kundschaftete alles aus, wie eine Katze, die scheinbar ziellos herumstreift, dabei in Wahrheit alles wahrnimmt und genau weiß, wo die Vogelnester sind.

Und so war es auch bei dieser Krähe. Als dann die Brutzeit angefangen hatte, hörte ich von draußen den Warnruf der

Amsel, stürzte hinaus und erwischte die Krähe, wie sie sich daranmachte, das Amselnest vor meiner Haustür auszuräubern. Und obwohl ich mich sonst streng daran halte, dass ich nicht eingreife, habe ich die Krähe vertrieben.

Denn auf meinen Hof kann ich es doch nicht ertragen, hinterher das jämmerliche Klagen und Weinen der Amsel zu hören, die ihren Verlust betrauern.

Wer vor meiner Haustür brütet, hat meinen Schutz.

Vogelsprache

Als mein Freund Greg, ein US-Amerikaner, das erste Mal nach Deutschland kam, klang für ihn Deutsch wie Kauderwelsch, er verstand kein Wort, und wir mussten alles für ihn übersetzen. Beim zweiten Besuch, hörte er am Flughafen, wie sich zwei Deutsche unterhielten: »asöljkgflk genau.« »Woeijgl genau«. Er begriff, dass er das Wort »genau« erkannte und verstand. Der erste Schritt zum Verständnis einer neuen Sprache war getan.

Ähnlich ist es mit der Vogelsprache. Viele Menschen, die sich noch nie damit beschäftigt haben, hören am Anfang nur Kauderwelsch, einen Klangbrei, der zwar schön klingt, ihnen aber gar nichts sagt. Und so kommt es darauf an, die ersten Wörter zu lernen, die ersten Melodien zu erkennen und diese kleinen Erfolge zu feiern.

»Hallo«, »danke« und »bitte« sind relativ leicht zu lernen, genauso ist es in der Vogelsprache. Dabei gibt es – wie in anderen Sprachen auch – ein paar Regeln, die uns dabei helfen können, Grundsätzliches zu verstehen und herauszufiltern.

Was ist eigentlich Vogelsprache? Es ist die Art und Weise, wie sich Vögel untereinander verständigen und sich der Welt mitteilen. Mit der Vogelsprache informieren Vögel einander, wer welches Territorium besetzt hat, wer ein Weibchen sucht, wo sie sich gerade aufhalten und wo der Habicht oder Sperber sitzen. Letzteres ist für uns Menschen besonders interessant, denn es gibt keine andere Tierart, die einen besseren Überblick über die Geschehnisse in der Natur hat, ganzjährig vorhanden und so stimmaktiv ist. Wenn wir die Sprache der Vögel verstehen, dann wissen wir, was im Wald gerade passiert. Durch die Vögel erweitert sich unser Radius ungemein, wir können erkennen, was in 100 oder 200 Meter Entfernung in diesem Moment geschieht.

Doch wie geht das? Wie können wir die Vogelsprache erlernen? Dazu ein paar wichtige Grundregeln dieser so wunderschönen und auch so fremden Sprache.

In welcher Stimmung befindet sich der Vogel?

Schon von weitem konnte ich erkennen, dass es Greg nicht gut ging. Seine Schultern hingen herab, er verzog keine Miene, als ich mich im Auto näherte. Offensichtlich war die Woche im Kindergarten anstrengend gewesen, und er musste sich erstmal entspannen, bevor wir gemeinsam in unser Voologie-Wochenende starten konnten.

Was hat das mit Vogelsprache zu tun? Genauso wie Menschen kann man auch Vögeln ansehen, ob sie angespannt oder entspannt sind. Bei Menschen fällt uns das leicht. Als ich Greg eine Woche später wiedersah, kam er mir lachend und mit offenem Gesicht entgegen, da wusste ich, dass es ihm gut ging.

Bei Vögeln müssen wir erst einmal lernen, ihre Stimmung zu lesen. Wenn sie entspannt sind, suchen sie nach Nahrung, putzen sich und gehen ihrem Alltagsgeschäft nach. All das stellen sie ein, wenn sich eine potentielle Gefahr für sie in der Nähe befindet. Stille und Reglosigkeit kann ein erstes Anzeichen für ihre Alarmbereitschaft sein. Materialisiert sich dann die Gefahr, so ist das zweite Anzeichen nicht zu überhören: Warnrufe erklingen hektisch von allen Seiten.

Für die Vögel geht es in diesen Situationen nämlich um Leben und Tod. Denn von Singvögeln ernähren sich viele Lebewesen – Greifvögel, Füchse, Katzen, Marder. Darum ist es für sie überlebenswichtig, aufmerksam zu sein, darum sind sie angespannt, sobald sie etwas Ungewöhnliches wahrnehmen.

Wenn wir die Stimmung eines Vogels einschätzen können, wenn wir unterscheiden können, ob er angespannt oder entspannt ist, dann können wir die Lautäußerungen der Vögel besser einordnen, sind wir schon einen entscheidenden Schritt weiter in der Vogelsprache. Das führt uns nämlich zur nächsten Frage:

Singt er oder ruft er?

Vögel haben zwei Arten von Lautäußerungen: Rufe und Gesänge. Das ist eine überaus wichtige Unterscheidung. Gesänge erkennt man am Zusammenspiel komplexer Töne, Abfolgen und Varianten. Außerdem wird ein Gesang nicht nur einmal gesungen, sondern mehrmals wiederholt, meist von der gleichen Warte, vom gleichen Sitzplatz.

Ein Gesang drückt aus, dass sich der Vogel in seiner Grundstimmung befindet – ein alarmierter Vogel singt nicht, er ruft. Wenn wir erkannt haben, dass der Vogel singt, dann haben wir schon mindestens sechs Sätze aus der Vogelsprache mit einem Mal verstanden.

Sechs einfache Erkenntnisse, die uns der Gesang der Vögel vermittelt

1. Ich bin fit, kerngesund und habe ausreichend Energie, um einzigartige Melodien von mir zu geben.
2. Das hier ist mein Revier. Ich kenne mich hier aus. Ich setze eine Grenze.

3. »Wo bist du, Frau?« oder »Ich bin immer noch für dich da.«
4. Wenn alle singen: Hier ist gerade kein Fuchs, keine Katze, kein Jäger, kein Greifvogel.
5. Ich bin diese Art: z.B. eine Amsel. Jede Art hat einen spezifischen Gesang.
6. Wenn man genau hinhört, dann kann man individuelle Unterschiede innerhalb der gleichen Art bemerken: »Ich bin Amsel Anton« und nicht »Amsel Bert.«

Die Struktur der Gesänge

Um die Arten anhand der Gesänge zu identifizieren, ist es hilfreich, diese in vier Gruppen aufzuteilen, je nach ihrer Struktur. Dafür muss man übrigens nicht musikalisch sein.

Die Melodiker: Wenn du eine Melodie in dem Gesang erkennst, die in Tonfolge und Strophenlänge oft variiert wird, handelt es sich um einen sogenannten Melodiker. Davon gibt es sehr viele. Die Amsel ist ein gutes Bespiel dafür. Rotkehlchen und Zaunkönig gehören dazu, die Nachtigall natürlich, Mönchs- und Gartengrasmücke, Heckenbraunelle und viele mehr.

Die Rhythmiker: Die zweite Gruppe sind die Rhythmiker. Sie machen nicht viele verschiedene Töne, es gibt auch keine Melodie. Am Anfang ist es gar nicht so leicht, den Gesang der Rhythmiker als solchen zu erkennen und ihn nicht für einen Ruf zu halten. Der Zilpzalp gehört zum Beispiel zu den Rhythmikern, sein Gesang ist das ständig wiederholte namensgebende »zilpzalp«. Sein Ruf hingegen lautet ganz anders, nämlich »huit«. Auch die Kohlmeisen gehören zu den Rhythmikern, wie überhaupt alle Meisen.

Die Melorhythmiker: Sie vereinen beide Merkmale in ihrem Gesang. Das klassische Beispiel dafür ist der Buchfink. Sein Gesang besteht aus kurzen Strophen, die mit leichten

SINGDROSSEL

NACHTIGALL

MÖNCHSGRASMÜCKE

GOLDAMMER

DROSSEL

PIROL

Variationen bis zu 6.000mal am Tag wiederholt werden. Die Melorhythmiker sind die Gruppe, deren Gesang man sich gut mit Merksätzen einprägen kann:

»Ich, ich, ich schreib an die Regierung .«, beschwert sich der Buchfink.

»Ich, ich, ich hab' dich liiiiieb.«, sagt die Goldammer

»B...B...B...Bist du verrückt oder was?« singt der Gartenbaumläufer.

»Herr von Bülow«, sagt der Pirol.

Der ganze Rest: Das ist die einfachste Gruppe von allen. Wenn man den Gesang nicht in eine der drei oben genannten Gruppen einteilen kann, dann fällt er in die vierte Gruppe: der ganze Rest. Dazu gehören alle Krähenvögel, die Stare, die Singdrossel, der Gelbspötter und das Braunkehlchen. Ihr Gesang besteht hauptsächlich aus Imitationen anderer Vögel. Sie sind also schwer in nur eine Kategorie einzuordnen.

Die Zuteilung in einer der Gruppen hilft, Strukturen zu erkennen, damit man sich den Gesang besser merken und leichter wiedererkennen kann. Auf diese Weise kann man dann irgendwann auch die Art bestimmen und entwickelt ein Gefühl für die Grundstimmung eines Ortes. Diese Aufteilung kann also helfen den »Klangbrei« zu sortieren. Die Einordnung bleibt subjektiv, hier gibt es kein richtig oder falsch.

Singen nur die Männchen?

Früher galt es als Binsenweisheit, dass nur die männlichen Vögel singen. Diese Annahme hat sich inzwischen als falsch herausgestellt, interessanterweise waren es vor allem Forscherinnen, die sich diesem Thema gewidmet und nachgewiesen haben, dass auch die weiblichen Vögel singen.

In Europa singen die Weibchen tatsächlich nicht so viel wie die männlichen Vögel: Der Balzgesang bleibt den Männchen vorbehalten, da die Weibchen viel Energie fürs Brüten und Eierlegen brauchen. Um das Territorium abzustecken, vor allem im Winter, wenn die Reviere für die Nahrungssuche eine gewisse Größe nicht unterschreiten dürfen, singen auch manche Weibchen, wie zum Beispiel das Rotkehlchen oder der Zaunkönig.

In den Tropen hingegen – wo die Nahrungssuche ganzjährig leichter ist – singen Männchen und Weibchen auch während der Balz. In sogenannten Duettgesängen prüfen sie, ob die Fitness des anderen für die Aufzucht der Nachkommen ausreichend ist.

Davon kann hier, in den nördlichen Breiten, keine Rede sein, das liegt an den großen Temperaturunterschieden und den wechselnden Lichtverhältnissen im Jahresverlauf. Und doch gibt es eine Lautäußerung, die ganzjährig sowohl Männchens als auch Weibchen von sich geben, es geht um die Rufe.

Rufe: Kontaktruf oder Warnruf?

Ein Ruf wiederum besteht meist nur aus ein oder zwei Tönen, die weniger regelmäßig wiedergegeben werden, oft von verschiedene Vögeln der gleichen Art. Habe ich erkannt, dass ein Vogel ruft (und nicht singt), kann ich mehrere Fragen stellen: Handelt es sich um einen Kontaktruf? Um einen Bettelruf von einem Jungvogel, der Futter braucht? Oder um eine Auseinandersetzung mit einem potentiellen Konkurrenten, einer innerartlichen Aggression? Oder gar um einen Alarmruf, der das Vorhandensein von Boden oder Luftfeinden anzeigt?

Um diese Fragen zu beantworten, muss ich herausfinden, ob der Ruf entspannt oder angespannt klingt. Dazu muss ich die Wesensart des Vogels kennen. Wenn jemand zum Beispiel das erste Mal einen Zaunkönig sieht, dann könnte man denken: Der ist aber nervös, da muss etwas im Busch sein! Hat man ihn aber schon mehrmals beobachtet, so weiß man, dass das ruckartige Hin und Herfliegen zur Grundwesensart des Zaunkönigs gehört, er also entspannt ist.

Rufe im entspannten Zustand sind Kontaktrufe, die sich aber mit zunehmender Frequenz zum Alarmruf steigern können.

Der Ruf des Zilpzalps zum Beispiel lautet »huit«. Hört man diesen hin und herschallen, so lauscht man einer Unterhaltung mit seiner Partnerin. »Huit« fragt er: »Bist du noch da?«. »Huit« erwidert sie: »Ja ich bin noch da«. Dieses sanfte »huit« benutzen sie nicht nur für die Bindung und zur Lokalisierung des Partners, sondern auch für die Kontaktaufnahme mit den Jungvögeln.

Wird aus diesem »huit« plötzlich eine schnelle Abfolge von »huits«, die eine stärkere Intensität, höhere Tonlage, Geschwindigkeit und Frequenz haben, dann handelt es sich um einen Warnruf.

Ein weiterer Hinweis auf einen Alarm ist es, wenn mehr als eine Vogelart aufgeregt ist, also viele verschiedene Warnrufe erklingen. Hören wir also eine ganze Kaskade von aufgeregten Rufen um uns herum, so lohnt es sich einmal noch oben zu schauen – oder auch nach unten. Es gibt tatsächlich unterschiedliche Warnrufe, je nachdem, woher der Feind kommt. Ein Luftalarm, der einen Sperber oder einen Habicht

ankündigt, hört sich anders an als ein Bodenalarm, der vor einem Marder oder einer Katze warnt.

Wie erkenne ich einen Alarm? Sechs entscheidende Fragen

- Ist der Vogel in seinem Alltagsgeschehen, in seiner Grundstimmung oder ist er achtsamer als sonst? (Indikator: Er hört auf zu tun, was er gerade tut. Er singt und hört auf zu singen) Wie viele Vögel ringsum reagieren? Sind Vögel verschiedener Arten beteiligt?
- Wie großräumig ist der Alarm? Wo hören die Warnrufe auf, wo fangen die Vögel wieder an zu singen?
- Bewegt sich der Alarm oder bleibt er an einem Ort?
- Gehen die Vögel nach oben oder nach unten? Handelt es sich um einen Boden- oder um einen Luftalarm?
- Ist der Auslöser primär oder sekundär? Reagiert der Zaunkönig auf mich oder auf den Fuchs, der in der Hecke schlief und den ich aufgescheucht habe?

Die letzte Frage ist eher etwas für Fortgeschrittene. Doch davon sollte man sich nicht abschrecken lassen. Auch wenn man nur eine Frage von den sechsen beantworten kann, sollte man sich gebührend feiern. Denn dann hat man eine der Grundregeln der Vogelsprache verstanden und wird über kurz oder lang fließend darin werden.

So wie mein Freund Greg, der heute vorwiegend in Deutschland lebt und inzwischen fließend Deutsch spricht und versteht. Daran, dass er von alldem mal nur »genau« verstanden hat, kann er sich heute kaum mehr erinnern.

Darum: Nicht abschrecken lassen von dem überwältigenden Klangbrei im Wald, einfach mal anfangen genau hinzuhören. Der Rest kommt ganz von allein.

MARDER →

SPERBER

HABICHT

Nachwort

Die ersten Bärlauchblätter spitzen schon aus dem Boden. Der Zilpzalp ist bereits wieder da, bald werden ihm die Mönchgrasmücken folgen. Anfang April werde ich auf die ersten Rauchschwalben warten, Mitte April auf den Wendehals und kurz danach auf den Kuckuck.

Ob das Braunkehlchen dieses Jahr wohl endlich bei uns brütet?

Ich kann es kaum erwarten, sie alle wieder hier am »Zinken« zu begrüßen. Im März werden wir das Camp wieder aufbauen und uns auch dieses Mal überlegen, was wir dem Platz zurückgeben können, wie wir möglichst vielen Lebewesen ein Zuhause bieten können.

Was brauchen sie dafür?

Sie brauchen eine möglichst abwechslungsreiche Landschaft, in der Tierarten verschiedenster Ordnungen leben: Kleinstorganismen, Insekten, Reptilien, Kriechtiere, und Säugetiere. Sie alle sind notwendig, damit viele verschiedene Vögel sich hier zuhause fühlen können. Denn wir sind alle miteinander verbunden. Und so tun wir alles, was wir für die Vögel tun, auch für uns selbst. Das fühlen wir, das wissen wir eigentlich auch ohne Studien (Dennoch bin ich den Frankfurter Wissenschaftlerinnen und Wissenschaftlern, die dazu geforscht haben, sehr dankbar.)

Biodiversität ist also nicht nur für die Vögel wichtig, sondern auch für den Menschen.

Nun sind gerade strukturreiche Landschaften am Verschwinden.[6] Nicht nur, dass immer mehr Flächen versiegelt werden, für die immer größer werdenden Maschinen der Agrarwirtschaft werden jedes Jahr Hecken abgeholzt, verschwinden Alleen und moorige Senken. Die Felder werden nur noch in Monokultur bewirtschaftet, Pestizide machen den wenigen Insekten, die darin leben können, den Garaus. Immer größer werdende Teile unseres Landes stellen keinen Lebensraum für Tiere mehr dar.

Das ist genauso erschreckend, wie es klingt. Und es fordert jeden Einzelnen von uns auf, etwas für eine größere Biodiversität zu tun. Was kann also jeder einzelne von uns tun:

Erster Schritt Es beginnt damit, dass wir achtsamer durch unsere Umgebung gehen.

Dabei können uns folgende Fragen begleiten: Wo leben die Vögel eigentlich? Was fressen sie? Was brauchen sie für ihre Bedürfnisse? Wo gibt es Wasser, Schutz, Nahrung?

Diese Fragen muss ich nicht alle beantworten, es reicht, wenn ich mit der Aufmerksamkeit dafür durch meinen Alltag gehe.

Wenn ich das ein, zwei Tage lange gemacht habe, weiß ich, wo die richtige Stelle für ein Vogelhäuschen ist (Tipp: Gerne auch mal schauen, welche Laufwege Nachbars Katze hat – sie spielt für die Sicherheit der Vögel eine entscheidende Rolle).

Dort kann ich dann ein Vogelhäuschen aufstellen und anfangen, meine Freunde zu füttern. Das ist wichtig, es gibt nur noch so wenig Nahrung für Vögel, dass jedes Korn zählt.

Zweiter Schritt Im zweiten Schritt kann ich mir überlegen, wie ich außerdem noch mehr Vögeln ein sicheres Heim bieten kann, wie ich sie anlocken kann. Das kann ich machen, in dem ich zum Beispiel Totholzhecken anlege, einen kleinen Teil des Rasens ungemäht lasse, Laubhaufen nicht sofort wegräume. Unsere Sehnsucht nach Sauberkeit und Ordnung verträgt sich nicht gut mit Artenvielfalt. Wenn wir mehr Unordnung und scheinbares Chaos zulassen, können wir viel für die Biodiversität tun.

Damit meine ich übrigens nicht, dass wir uns ganz aus der Landschaftspflege zurückziehen sollten, ganz im Gegenteil. Mir geht es darum, mit der Landschaft und ihren Lebewesen in Verbindung zu gehen. Herauszufinden, was die Bedürfnisse der Bäume, Vögel und Tiere sind, die in dieser Landschaft leben, und mir dann zu überlegen, wie wir in einer friedvollen Koexistenz gemeinsam hier auf dem Land leben können und was mein Beitrag dazu ist.

Ich vergleiche das gerne mit der Beziehung zu einem geliebten Menschen: Wenn ich einen Menschen gerne mag, dann nehme ich Rücksicht auf seine Bedürfnisse. Dann fahre ich vielleicht das Auto in die Garage, wenn ihm das wichtig ist, oder kaufe ihm seine Lieblingsspeise. Ich will, dass es ihm gut geht, darum schaue ich auch, was ich dazu beitragen kann.

Dadurch entsteht eine tiefe Verbindung.

Nun könnte man einwenden, dass eine Beziehung mit dem gefiederten Volk nicht funktionieren kann, weil sie einseitig ist und bleiben muss. Dieser Ansicht bin ich nicht. Die Vögel sind nämlich meines Erachtens schon ganz lange in Beziehung mit uns, wir haben es nur verlernt, darauf zu achten. Sie beobachten uns, wissen um unsere Eigenheiten, tolerieren unsere Grenzen. Und sie geben uns unglaublich viel zurück: Sie pflanzen Bäume, pflegen die Landschaft, vertilgen Insekten und beseitigen Aas. Doch sie sind nicht nur nützlich, sondern sie beglücken uns täglich, ohne dass wir etwas dafür tun müssen.

Und gerade jetzt im Frühling, wo es aus allen Ecken, singt, balzt und ruft, sitze ich hier und bin dankbar für all das, was mir die Vögel tagtäglich schenken.

Danksagung Paul

Danke zu sagen war für mich lange Zeit eine Höflichkeitsfloskel, oft mit der Hoffnung verbunden, beim nächsten Mal auch wieder reich beschenkt zu werden. Durch die Beschäftigung mit der Weltsicht oder inneren Haltung indigener Völker hat sich meine Sicht auf die Danksagung entscheidend verändert. Vor zwanzig Jahren habe ich mich für diese Landschaft entschieden, für den Hohen Fläming. Wenn ich zurückblicke, erinnere ich mich an tausende Geschichten, an zahlreiche Begegnungen mit der Landschaft und ihren Bewohnern. Ich bin eingewoben in das Netz des Lebens hier. Die vielen Stunden im Wald, auf meinem Sitzplatz, beobachtend, hinterfragend, die intensiven Begegnungen besonders mit dem gefiederten Volk haben mich demütig werden lassen. Dankbarkeit ist inzwischen keine Benimmregel mehr, kein Gedankenkonstrukt anderer Kulturen. Ich spüre sie in jeder Zelle meines Körpers.

Darum gilt mein erster Dank meinen Freunden aus der Pflanzenwelt und dem Tierreich. Danke euch für euer Sein und die zahlreichen Stunden in eurer Gesellschaft.

Gleichzeitig denke ich an all die verschiedenen Menschen, die mich begleitet haben, von denen ich lernen durfte. Menschen, die ihr Wissen und ihre Fähigkeiten großzügig geteilt haben. Sofort habe ich Gesichter und Situationen im Kopf, die weitere Bücher füllen könnten, und bin zutiefst dankbar dafür. So erwähne ich nur die, die eng mit der Entstehung dieses Buches verbunden sind. Danke an meine Eltern für ihre stetige Unterstützung auf meinen oft unkonventionellen Wegen. Danke an meinen ersten Vogelmentor Ralph Müller. Seine inspirierenden Fragen, unglaublichen Geschichten und seine Liebe für die Vogelwelt begleiten mich bis heute.

Ein besonderer Dank geht an meine geliebte Frau Roxana, die die Begeisterung für das Federvolk mit mir teilt und mich in meiner Leidenschaft und Neugier immer unterstützt. Danke an Kathrin für ihre Geduld, ihre Sanftmut und ihr Wissen über das geschriebene Wort und die damit verbundenen inneren Prozesse. Ohne ihr Know How und ihr Verständnis für unsere Herangehensweise gäbe es dieses Buch nicht.

Danke an meine Kinder, die ihren Vogelnerd-Papa so geduldig ertragen. Ich wünsche ihnen und ihren Kindern eine Zeit, in der die kühle Frühlingsluft weiterhin mit zarten Melodien belebt ist und der Herbsthimmel voller Vögel, die die Sehnsucht nach der Welt in uns erwecken.

Danksagung Kathrin

Ich danke Paul Wernicke für sein Vertrauen in meine Schreibkünste und für eine entspannte Zusammenarbeit, für unterhaltsame und schöne Stunden online und in Grützdorf.
Ein großer Dank geht an Uta Korzeniewski und dem Thorbecke Verlag für ein gutes Miteinander, eine vertrauensvolle und offene Zusammenarbeit und für die Bereitschaft, ein Buch für die Vögel auf die Welt zu bringen.
Während der langen Stunden am Schreibtisch haben mir die Vögel vor meinem Fenster Gesellschaft geleistet. Vielen Dank all ihr Kohl- und Blaumeisen, Spatzen und Rotkehlchen, Elstern und Tauben. Danke an den Waldkauz im Kräherwald, an die Eichelhäher und die Mäusebussarde an der Bille. An den Habicht, von dessen Präsenz ich nur durch seine Rupfungen etwas ahne. An den Zilpzalp und die Mönchsgrasmücken, die mir bald den Frühling wieder verkünden werden.
Am Ufer des Tonteichs in Wentorf sind die ersten Seiten dieses Buchs entstanden. Einen herzlichen Dank an alle Mitglieder des Tonteich-Teams, allen voran Susanne Bunge, dafür, dass ich mit meinem Laptop immer willkommen war.
Ohne meine Familie würde es dieses Buch nicht geben, darum meinen innigsten Dank an meinen Mann Kai Merten für seine Unterstützung und für meine Kinder Charlotte, Helene und Jakob für ihr Dasein.

Literaturliste

Links

Auf der folgenden Webseite kann man Vogelbeobachtungen selbst posten https://www.ornitho.de

Mein Vogelpodcast »Nachrichten vom gefiederten Volk« https://wildnisschule-hoherflaeming.de/blog-vogelpodcast/

Buchtipps

Peter Berthold, Gabriele Mohr, Vögel füttern, aber richtig. Das ganze Jahr füttern, schützen und sicher bestimmen. Stuttgart: Franckh-Kosmos 2021.

Ernst-Paul Dörfler, Liebeslust und Ehefrust der Vögel. Dresden: DDV Edition 2015.

Peter Barthel und Paschalis Dougalis, Was fliegt denn da? Alle Vogelarten Europas sicher bestimmen. Stuttgart: Kosmos 2019.

Wolfgang Fiedler/ Hans-Joachim Fünfstück, Die Vögel Mitteleuropas. Das große Fotobestimmungsbuch. Wiebelsheim: Quelle und Meyer 2021.

H.Heinzel/R. Fitter/ J. Parslow, Pareys Vogelbuch. Alle Vögel Europas, Nordafrikas und des Mittleren Ostens. Singhofen: Parey 1983.

Claus-Peter Lieckfeld, Veronika Straaß, Mythos Vogel. Geschichten – Legenden – 40 Vogelporträts. München: BLV 2002.

Baptiste Morizot, Philosophie der Wildnis, Ditzingen: Reclam 2020.

Ralph Müller, Die geheime Sprache der Vögel, Aarau und München: AT Verlag 2011. (Dazu sind auf der Webseite von

Ralph passende CDs erschienen. www.vogelsprache.de)
Uwe Westphal, Schräge Vögel. Begegnungen mit Rohrdommel, Ziegenmelker, Wiedehopf und anderen heimischen Vogelarten. Darmstadt: Pala Verlag 2015.

Apps

Die Stimmen der Vögel Europas, Aula Verlag (Leider auf Android mit eingeschränkter Soundqualität bei einigen Aufnahmen.)
Der Kosmos Vogelführer (sehr gut für optische Bestimmung, hat auch Rufe und Gesänge.)

Die Karte vom »Zinken« stammt von Juliane Kaden, der wir für die Genehmigung danken, die Karten abzubilden.

Anmerkungen

1. Joel Methorst, https://www.senckenberg.de/de/pressemeldungen/biologische-vielfalt-macht-gluecklich-mehr-vogelarten-im-umfeld-machen-menschen-in-europa-genauso-zufrieden-wie-hoeheres-einkommen/ abgerufen am 16.02.23
2. Dr. Angelika Brehme, Prof. Dieter Wallschläger, Dr. Thorsten Langgemach: „Kolkraben und die Freilandhaltung von Weidetieren. Untersuchen aus dem Land Brandenburg". Abgerufen am 24.02.23 auf der Homepage des Ministeriums für Landwirtschaft, Umwelt und Klimaschutz: https://mluk.brandenburg.de/media_fast/4055/kolkraben.pdf
3. „Wenn der Rotmilan baut, achtet auf kleinere Leinenwäsche!" William Shakespeare, A Winter's Tale, 4. Akt, zweite Szene in: The Norton Shakespeare hrsg. von Stephen Greenblatt, Walter Cohen, Jean E. Howard, Katharine Eisaman Maus. New York London 1996, S. 2918
4. Der Star wurde in der aktuellen deutschlandweiten Roten Liste von „ungefährdet" (RL 2007) auf „gefährdet" (RL 2015) hochgestuft und hat dabei die Vorwarnliste übersprungen. https://www.nabu.de/tiere-und-pflanzen/aktionen-und-projekte/vogel-des-jahres/star/aktiv/23211.html abgerufen am 24.02.23
5. Quelle: https://projekt-storchenzug.com/2011/05/04/video-kampf-zwischen-baummarder-und-schwarzstorch-3/
6. https://www.bfn.de/daten-und-fakten

DACHSBERG
TAL DER TROMMEL
MARDERKREUZUNG
SCHWARZSPECHTWALD
EICHENWALD
HOCHSPANNUNG
KUNST WANDER WEG
HAGELBERG
PIEPER WIESE
BUCHENBRUCH
BABU
TAL DES ADLERS
ZINKEN
N
W
O
S
Wildnisschule Hoher Fläming
Wald·Zinken·Flur·Wiesen·Hof
Karte 2019